全国计算机技术与软件专业技术资格考试辅导资料

系统集成项目管理工程师

学霸一本通

力杨◎编著

中国水利水电出版社
www.waterpub.com.cn
· 北京 ·

内 容 提 要

计算机技术与软件专业技术资格考试是国家资格水平类考试，是目前 IT 行业、信息化领域最具权威的考试，由工业和信息化部、人力资源和社会保障部共同颁发合格证书。系统集成项目管理工程师考试的级别为中级，通过该考试并获得证书，表明已具备从事相应专业岗位工作的水平和能力。

本书根据《系统集成项目管理工程师考试大纲（第 2 版）》的要求，结合作者的培训经验和知识储备，通过反复总结提炼，利用口诀、关键词等重点记忆，帮助广大考生快速掌握核心重点知识、历年高频考点，并在每一章设计了一些学霸演练题目，考生在学习过程中要注重学练结合。

本书可供广大有志于通过考试的考生学习使用，也可供各类高等院校或培训班教学、培训使用。

图书在版编目（CIP）数据

系统集成项目管理工程师学霸一本通 / 力杨编著 .
— 北京 : 中国水利水电出版社，2022.9 (2023.4重印)
ISBN 978-7-5226-0915-7

Ⅰ . ①系… Ⅱ . ①力… Ⅲ . ①系统集成技术—项目管理—资格考试—自学参考资料 Ⅳ . ① TP311.5

中国版本图书馆 CIP 数据核字 (2022) 第 158245 号

书　名	系统集成项目管理工程师学霸一本通 XITONG JICHENG XIANGMU GUANLI GONGCHENGSHI XUEBA YIBENTONG
作　者	力　杨　编著
出版发行	中国水利水电出版社 （北京市海淀区玉渊潭南路1号D座 100038） 网址：www.waterpub.com.cn E-mail：zhiboshangshu@163.com 电话：（010）62572966-2205/2266/2201（营销中心）
经　售	北京科水图书销售有限公司 电话：（010）68545874、63202643 全国各地新华书店和相关出版物销售网点
排　版	北京智博尚书文化传媒有限公司
印　刷	河北文福旺印刷有限公司
规　格	190mm×235mm　16开本　15.25印张　275千字
版　次	2022年9月第1版　2023年4月第2次印刷
印　数	3001—6000册
定　价	79.00元

前　言

随着国家信息产业的创新发展以及国家“十四五”规划的出台，全国计算机技术与软件专业技术资格考试（以下简称“计算机软考”）题目也越来越贴近一些新技术、新事物，人工智能、区块链、大数据、云计算、“十四五”规划、5G/6G 以及 IT 前沿科技等内容成为考试题型的一类热点，本书结合近年来考试特点特意增加了热点内容，供广大考生参考学习。本书对应《系统集成项目管理工程师考试大纲（第 2 版）》，合计 21 章，将本书命名为“系统集成项目管理工程师学霸一本通”，广受考生好评，因此“学霸一本通”也成了考生首选的辅导资料。

近年来，计算机软考不但在 IT 行业中是热门考试，在北、上、广、深等一线城市也成为广大考生“考证入户”的首选，作者结合培训经验和考生学习要求，编写了《系统集成项目管理工程师学霸一本通》一书，真诚地希望大家认真备考学习，能够一次性通关拿证。

《系统集成项目管理工程师学霸一本通》由作者根据力杨考点、重点知识点、2022 年上半年真题等分析汇编而成，适用于系统集成项目管理工程师考试，未经作者授权，严禁其他商业用途。

感谢学员们在教学过程中给予的意见和建议。

感谢北京智博尚书文化传媒有限公司的编辑在此书上的尽心尽力。

由于作者水平有限，书中难免存在个别错误、问题以及不尽如人意之处，欢迎读者提出意见及更正指导（微信：new_yhb；QQ：196476114），作者会不断优化改进，以便更好地为读者服务，助力系统集成项目管理工程师的冲刺备考，也相信读者的反馈会为未来本书的再次修订提供良好的帮助。

视频资源下载与在线服务

（1）本书赠送部分教学视频，读者可通过手机扫描书中的二维码观看。或者扫描下方二维码，加入“本书专属读者在线服务交流圈”，在置顶的动态中获取资源下载链接，然后将此链接复制到计算机浏览器的地址栏中，根据提示下载即可观看。

（2）扫描下方二维码，加入“本书专属读者在线服务交流圈”，与其他读者一起，分享读者心得，提出对本书的建议，以及咨询作者问题等。

本书专属读者在线服务交流圈

特此说明

与本书有关的视频是免费赠送的一部分，如果读者需要全套视频，可以联系本书作者（微信：new_yhb；QQ：196476114）。

关于作者

力杨老师，独立讲师、高级工程师、信息系统项目管理师、通信中级工程师、财政部入库专家库专家。

2010 年毕业于兰州理工大学，2010 至 2019 年就职于甘肃省某大型通信运营商，先后担任县区公司副总经理、市公司行业总监等职位，负责政企客户关系维系和 DICT 项目管理工作，曾亲自负责并参与过大型智慧社区项目、党政办公项目等多个项目。

2019 年至今从事计算机软考、通信领域的职业资格考试培训工作，担任讲师，目前主要负责信息系统项目管理师、系统集成项目管理工程师等专业的课程辅导和培训管理。具有丰富的项目管理实践经验，理论与实际结合，形成了一套自成体系的专业授课风格和课程特色。开始培训工作以来，学员班通过率保持在 80% 左右。

力杨

2022 年 8 月

目　录

第 1 章　信息化知识

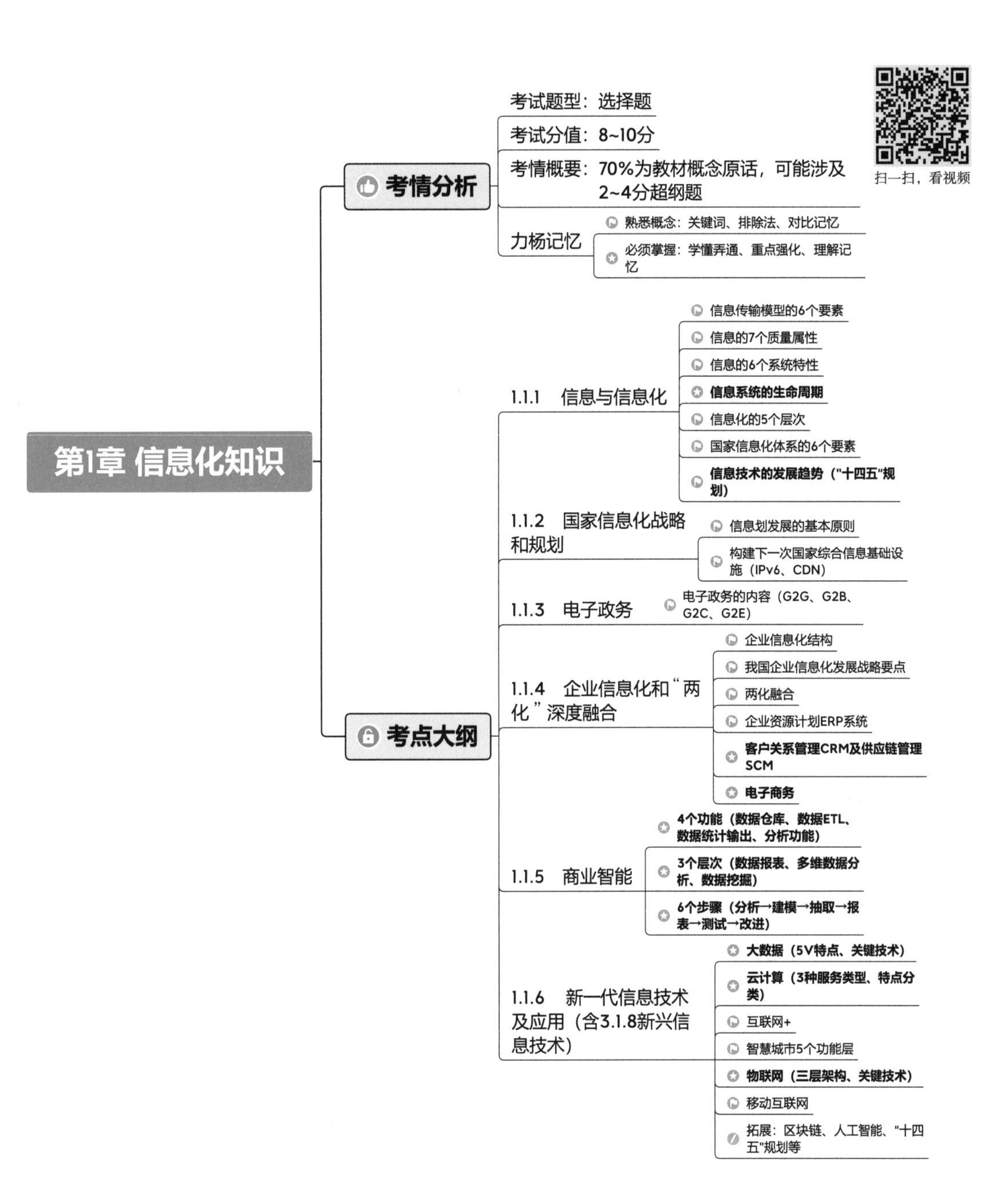

扫一扫，看视频
第1章 信息化知识
考情分析
考试题型：选择题
考试分值：8~10分
考情概要：70%为教材概念原话，可能涉及2~4分超纲题
力杨记忆
熟悉概念：关键词、排除法、对比记忆
必须掌握：学懂弄通、重点强化、理解记忆
考点大纲
1.1.1　信息与信息化
信息传输模型的6个要素
信息的7个质量属性
信息的6个系统特性
信息系统的生命周期
信息化的5个层次
国家信息化体系的6个要素
信息技术的发展趋势（"十四五"规划）
1.1.2　国家信息化战略和规划
信息划发展的基本原则
构建下一次国家综合信息基础设施（IPv6、CDN）
1.1.3　电子政务
电子政务的内容（G2G、G2B、G2C、G2E）
1.1.4　企业信息化和"两化"深度融合
企业信息化结构
我国企业信息化发展战略要点
两化融合
企业资源计划ERP系统
客户关系管理CRM及供应链管理SCM
电子商务
1.1.5　商业智能
4个功能（数据仓库、数据ETL、数据统计输出、分析功能）
3个层次（数据报表、多维数据分析、数据挖掘）
6个步骤（分析→建模→抽取→报表→测试→改进）
1.1.6　新一代信息技术及应用（含3.1.8新兴信息技术）
大数据（5V特点、关键技术）
云计算（3种服务类型、特点分类）
互联网+
智慧城市5个功能层
物联网（三层架构、关键技术）
移动互联网
拓展：区块链、人工智能、"十四五"规划等

1.1　学霸知识点

<table>
<tr><td rowspan="2">考情分析</td><td>选择题</td><td>案例题</td></tr>
<tr><td>8 ~ 10 分</td><td>—</td></tr>
<tr><td>力杨引言</td><td colspan="2">引言：本章为信息化基础内容，即 IT 部分，教材共 6 节内容，需对信息化、商业智能、新一代信息技术（与第 3 章有交叉）等主要概念进行重点掌握，考试有超纲题若干，2022 年重点关注：人工智能、区块链、智慧城市、云计算、新基建、IT 前沿知识、“十四五”规划、新的行政法规等。学习建议：核心高频考点强化记忆，选择题通过关键词、排除法、第一印象记忆法掌握，加强习题演练。</td></tr>
</table>

1.1.1　信息与信息化

1. 信息的基本概念

信息是**客观事物状态和运动特征**的一种普遍形式，客观世界中大量地存在、产生和传递着以不同形式表示出来的各种各样的信息。

（1）**本体论信息：**事物的**运动状态和状态变化方式**的自我表述。

（2）**认识论信息：**主体对于该事物的**运动状态和状态变化方式**的具体描述，包括对于它的“状态和方式”的形式、含义和价值的描述。[力杨记忆：控制论创始人是维纳；信息论奠基者（即信息论之父）是香农]

2. 信息传输模型的 6 个要素

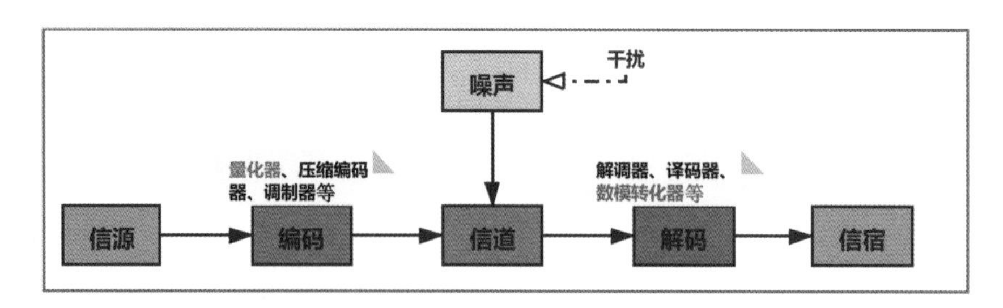

（1）**信源：**产生信息的**实体**，信息产生后，由这个实体向外传播。

（2）**编码：**包括**量化器**、压缩编码器、调制器等，在编码阶段，信息被封装为 TCP/IP 包。

（3）**信道**：传送信息的**通道**，如TCP/IP网络。

（4）**噪声**：干扰，包括信道中的噪声及分散在通信系统中的其他噪声的集中表示。

（5）**解码**：包括解调器、译码器、**数模转化器**等。

（6）**信宿**：信息的**归宿**和**接收者**。（力杨记忆：注意区分编/译码器）

3. 信息的7个质量属性

质量属性	概念（关键词记忆，重点掌握可验证性）
精确性	对事物状态描述的精确程度
完整性	对事物状态描述的全面程度，完整信息应包括所有重要事实
可靠性	指信息的来源、采集方法等是可以信任的，符合预期
及时性	指信息获得的时刻与事件发生的时刻的间隔长短（时间对比）
经济性	指获取信息带来的成本在可接受的范围之内（**与钱有关**）
可验证性	指信息的主要质量属性可以被证实或者证伪的程度
安全性	指信息的生命周期中，信息可以被非授权访问的可能性，可能性越小，安全性越高

4. 信息的6个系统特性

系统特性	概念（关键词记忆，重点掌握开放性、稳定性）
开放性	指系统的可访问性，决定了系统是否可以被**外部环境识别**
脆弱性	稳定性的反面，即系统可能存在**丧失结构、功能、秩序的特性**【2020上】
健壮性	**鲁棒性**，系统具有**抵御出现非预期状态的特性**【2021上】
稳定性	系统的内部结构和秩序应是可以预见的，可以被预测，也可以预估相关的可能性
可嵌套性	包括若干个子系统，系统之间能够耦合成一个更大的系统，便于对系统进行分层、分布管理
目的性	有明确的目标或目的，目的性决定了系统的功能

5. 信息系统的组成部件

（1）信息系统由硬件、软件、**数据库**、网络、存储设备、感知识别设备、外设、**人员**以及把数据处理成信息的规程等组成。

（2）数据库：经过机构化、规范化组织后的事实和信息的集合，是信息系统中最有价值和最重要的部分之一。

（3）人员：人员是信息系统中最重要的因素。信息系统人员包括**所有**管理、运行、编写和维护系统的人。

6. 信息系统的生命周期

<table>
<tr><th>生命周期（5 个阶段）</th><th>具 体 内 容</th><th>生命周期（4 个阶段）</th></tr>
<tr><td>系统规划</td><td>可行性分析与项目开发计划、SRS【2021 上】</td><td>立项</td></tr>
<tr><td>系统分析</td><td>需求分析</td><td rowspan="3">开发（含系统验收）</td></tr>
<tr><td>系统设计</td><td>概要设计、详细设计</td></tr>
<tr><td>系统实施</td><td>编码、测试</td></tr>
<tr><td rowspan="2">运行维护</td><td rowspan="2">运行维护</td><td>运维</td></tr>
<tr><td>消亡【2021 下】</td></tr>
<tr><td colspan="3">项目的生命周期（4 个阶段）：启动、计划、执行、收尾。力杨记忆：5 个阶段和 4 个阶段的对应关系必须掌握，区分项目的生命周期</td></tr>
</table>

7. 信息化的 5 个层次

（1）信息化的层次从小到大依次为产品**信息化→**企业**信息化→**产业**信息化→**国民经济**信息化→**社会生活**信息化**。【2021 下・2022 上】

（2）**产品**信息化是**信息化的基础**。

（3）企业信息化是**国民经济信息化的基础，结构包括**产品（服务）层、作业层、管理层、决策层。（力杨记忆：产品作业—管理决策）【2022 上】

8. 信息化的基本内涵

信息化	基 本 内 涵
主体	全体社会成员，包含政府、企业、事业、团体和个人【2021 上】
时域	一个长期的过程
空域	政治、经济、文化、军事和社会的一切领域
手段	基于现代信息技术的先进社会生产工具
途径	创建信息时代的社会生产力
目标	**全面提升**国家的综合实力、社会的文明素质和人民的**生活质量**

9. 国家信息化体系的 6 个要素

要 素	核 心 要 点
信息技术应用	**龙头、主阵地**，集中体现了国家信息化建设的需求和效益。信息技术应用要素向其他 5 个要素提出要求，而其他 5 个要素又反过来支持信息技术应用
信息资源	**核心任务**，是国家信息化建设取得实效的关键。**信息资源**、**材料资源**和**能源**共同构成了国民经济和社会发展的**三大战略资源**
信息网络	**重要基础设施**，是**信息资源开发利用**和**信息技术应用**的基础。**三网融合**：电信网、广播电视网、计算机网

续表

要　素	核 心 要 点
信息技术和产业	**物质基础**
信息化人才	**成功之本**，对其他各要素的发展速度和质量有着决定性的影响，是信息化建设的关键
信息化政策法规和标准规范	**根本保障**【2022上】
两网（政务外网+内网）、一站（政府门户网站）、四库（人口、法人单位、空间地理和资源、宏观经济）、十二金。（力杨记忆：高频考点，注意信息网络、信息技术和产业容易混淆）	

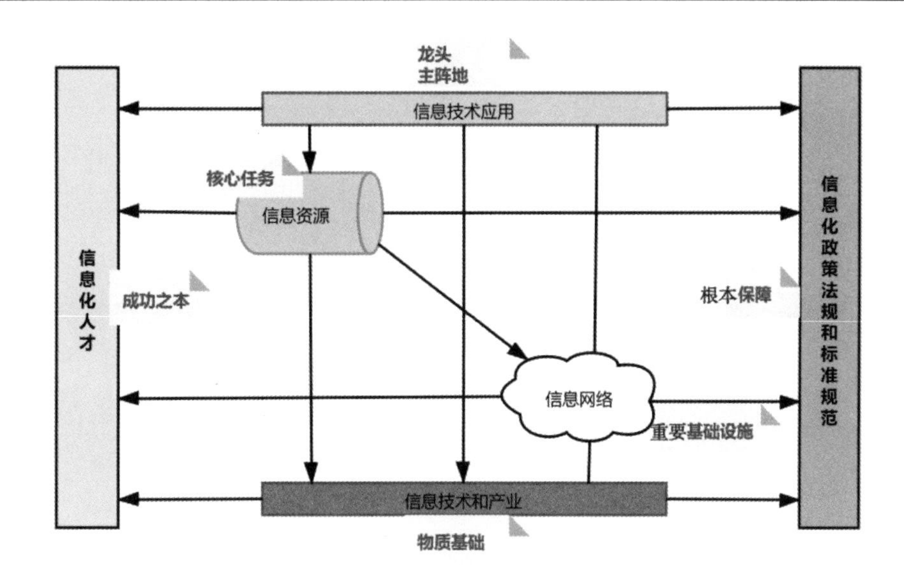

10. **信息资源的特点**

（1）能够重复使用，其价值在使用中得到体现。

（2）信息资源的利用具有很强的目标导向，不同的信息在不同的用户身上体现的价值不同。

（3）广泛性，人们对其检索和利用，**不受时间、空间、语言、地域和行业的制约**。

（4）是社会公共财富，也是商品，可以被交易或交换。

（5）流动性，通过信息网可以**快速传输**。

（6）多态性，信息资源以数字、文字、图像、声音、视频等多种形态存在。

（7）融合性，整合不同的信息资源并分析、挖掘，可以得到新的知识，取得比分散信息资源更高的价值。

11. 信息技术的发展趋势

信息技术正在向高速度、大容量、集成化和平台化、智能化、虚拟计算、通信技术、遥感和传感技术、移动智能终端、以人为本、信息安全、“两化”融合方向发展。

（1）**虚拟化技术**：可以将计算机的服务器网络内存及存储等实体资源抽象、封装、规范化并呈现出来，打破实体结构间不可切割的障碍，使用户更好地使用这些资源。【2020 上】

（2）**信息技术三大支柱**：传感技术、计算机技术、通信技术。

（3）“两化”融合：工业化、信息化。（力杨拓展：“四化”是工业化、信息化、城镇化、农业现代化）

① **信息化与工业化**发展战略的融合。

② **信息资源与材料、能源等**工业资源的融合。

③ 虚拟经济**与工业**实体经济的融合。

④ **信息技术与工业技术、IT 设备与工业装备**的融合。【2020 上】

1.1.2　国家信息化战略和规划

1. 信息化发展的基本原则

（1）统筹发展，有序推进。

（2）需求牵引，市场**导向**。

（3）完善机制，创新**驱动**。

（4）加强管理，保障安全。

（力杨记忆：市场导向而非政府主导，创新驱动而非资源驱动）

2. 构建下一代国家综合信息服务设施

实施**“宽带中国”战略**，以**宽带普及提速**和**网络融合**为重点，加快构建宽带、融合、安全、泛在的下一代国家信息基础设施。

（1）加快**宽带**网络优化升级和区域协调发展。

（2）促进**下一代互联网**规模商用和前沿布局（IPv6）。

（3）建设安全可靠的信息应用基础设施［加强统筹管理，逐步形成技术先进、安全可靠的内容分发网络（CDN）］。

（4）加快推进**三网融合**。

（5）优化国际通信网络布局。【2020 上】

1.1.3 电子政务

1. 电子政务的内容

G2G（政府—政府）、G2B（政府—企业，政府招投标网）、G2C（政府—公众）、G2E（政府—公务员）。（力杨记忆：高频考点，给出一段文字对号入座判断）【2022 上】

2. 建立完善的电子政务平台

（1）完成以云计算为基础的电子政务公共平台顶层设计。

（2）全面提升电子政务技术服务能力。

（3）制定电子政务云计算标准规范。

（4）鼓励向云计算模式迁移。

1.1.4 企业信息化和“两化”深度融合

1. 企业信息化战略要点

（1）加快建设制造强国，实施《**中国制造** 2025》。

（2）企业信息化是产业升级转型的重要举措之一，而以“‘两化’深度融合”“智能制造”“互联网 +”为特点的产业信息化是未来企业信息化继续发展的方向。

（3）企业信息化就是用现代信息技术来实现企业经营战略、行为规范和业务流程。【2020 上】

（4）**企业信息化发展的战略要点**：①以信息化带动工业化；②信息化与企业业务全过程的融合、渗透；③信息产业发展与企业信息化良性互动；④充分发挥政府的引导作用；⑤高度重视信息安全；⑥企业信息化与企业的改组改造和形成现代企业制度有机结合；⑦“因地制宜”推进企业信息化。【2021 下】

（5）**企业信息化发展的基本原则**：效益原则、“一把手”原则、中长期与短期建设相结合原则、规范化与标准化原则、以人为本原则。

2. 企业资源计划 ERP 系统

（1）ERP 是一个以财务会计为核心的信息系统，一般的 ERP 系统的财务部分分为会计核算与财务管理两大块。

（2）ERP 系统采用**客户 / 服务器**、**浏览器 / 服务器体系结构**和**分布式数据处理技术**，支持 Internet、电子商务和电子数据交换（EDI）。

（3）ERP 是**统一的集成系统**、**面向业务流程的系统**、**模块化可配置的系统**、**开放的系统**。

3. CRM 客户关系管理

（1）CRM **以信息技术为手段**，是一种以客户为中心的商业策略，CRM 注重的是与客户的交流，企业的经营是以客户为中心，而不是传统的以产品或市场为中心。客户、关系、管理是 CRM 的三个要点，其中**关系**在 CRM 中扮演着核心角色。

（2）CRM 三角模型：信息技术、CRM 应用系统、CRM 经营理念。

（3）CRM 应用功能设计：自动化的销售、自动化的**客户**服务、自动化的**市场**营销。（力杨记忆：销售、服务、营销一体化）

（4）客户数据："描述性 + 促销性 + 交易性" 三大类。

① 描述性**数据**：客户的基本信息，如果是个人客户，一定要涵盖客户的姓名、年龄、ID 和联系方式等；如果是企业客户，一定要涵盖企业的名称、规模、联系人和法人代表等。

② 促销性**数据**：体现企业曾经为客户提供的产品和服务的历史数据，主要包括用户产品使用情况调查的数据、促销活动记录数据、客服人员的建议数据和广告数据等。

③ 交易性**数据**：反映客户对企业做出的回馈的数据，包括历史购买记录数据、投诉数据、请求提供咨询及其他服务的相关数据、客户建议数据等，要知道如何有效地采集客户数据。

（5）CRM 应用设计特点：可伸缩性（可拓展性）、可移植性（可多用性）。【2021 下】

（6）数据挖掘：源数据经过清洗和转换等成为适合于挖掘的数据集，数据挖掘是从特定形式的数据中集中**提炼知识**的过程。数据挖掘往往针对特定的数据、特定的问题，选择一种或者多种算法，找到数据里面隐藏的规律，这些规律往往被用来预测、支持决策。【2020 上・2022 上】

（7）完整的数据挖掘过程：必须包括**数据的清洗与集成**、**数据的选择与转换**、**数据挖掘**以及**知识评估与表示**。

（8）数据挖掘的直接对象：一般包括关系数据库、数据仓库、事务数据库以及一些新型的高级数据库。

（9）数据挖掘的任务：可以把数据挖掘的任务分成**描述**、**分类**和**预测**。

4. 供应链管理 SCM

（1）自顶向下和自底向上相结合的设计原则、**简洁**性原则、**取长补短**原则、**动态**性原则、**合作**性原则、**创新**性原则、**战略**性原则。

（2）供应链的 3 个阶段：**初级萌芽阶段**、**形成阶段**、**成熟阶段**。

（3）供应链的特点：交叉性、动态性、存在核心企业、复杂性、面向用户。【2021 上】

（4）敏捷供应链系统：通过 CORBA 和**代理技术**的结合应用来解决异构平台之间的异地合作问题。

5. 电子商务

（1）**电子商务的类型**。

① B2B（企业—企业）：经历了电子数据交换、基本的电子商务、电子交易集市、协同商务 4 个阶段。（**阿里巴巴**）

② B2C（企业—消费者）：企业与客户之间通过互联网进行产品、服务及信息的交换。（**京东、当当、苏宁**）【2022 上】

③ C2C（消费者—消费者）：纯个人间的电子商务交易行为。（**淘宝、易趣、拼多多**）

④ O2O（线上—线下）：线上购买线下的服务和产品。（**外卖餐饮、院线影音**）【2020 上】

⑤ ABC：新型电子商务模式的一种，被誉为继阿里巴巴 B2B 模式、京东商城 B2C 模式、淘宝 C2C 模式之后电子商务界的第四大模式。由代理商（agent）、商家（business）和消费者（consumer）共同搭建的集生产、经营、消费于一体的电子商务平台。

（2）**电子商务的特征**。

① 普遍**性**：可应用于各个行业。

② 便利**性**：不受区域、环境、时间限制。

③ 整体**性**：有完整的人工、电子信息处理流程。

④ 安全**性**：进行加密、身份认证、数字签名等。

⑤ 协调**性**：企业与企业、企业与客户等方面相互协调。

（3）**电子商务的内容**。

① 电子商务按照依托**网络类型**划分为：EDI（电子数据交换）商务、Internet（互联网）商务、Intranet（企业内部网）商务、Extranet（企业外部网）商务。EDI 是连接原始电子商务和现代电子商务的纽带。

② **加快电子商务发展的基本原则**：企业主体、政府推动；统筹兼顾、虚实结合；着力创新、注重实效；规范发展、保障安全。

（4）**电子商务系统的结构和要点**。

① 网络基础设施：远程通信网、有线电视网、无线电通信网和 Internet。

② 多媒体内容和网络出版的基础设施：HTML、Java、全球 Web。

③ 报文和信息传播的基础设施：电子邮件系统、在线交流系统、基于 HTTP 或 HTTPS 的信息传输系统、流媒体系统。【2021 上】

④ 商业服务的基础设施：商品目录和价格目录、电子支付网关、安全认证。

1.1.5 商业智能

（1）商业智能（BI）是指用现代数据仓库技术、线上分析处理技术、数据挖掘和数据展现技术进行数据分析以实现商业价值，它是数据仓库、OLAP 和数据挖掘等技术的综合运用（商业智能不是新技术）。【2022 上】

（2）商业智能一般由数据仓库、联机分析处理、数据挖掘、数据备份和恢复等部分组成。

（3）商业智能的 4 **个功能**。

① **数据仓库**：实现高效访问，提供结构化和非结构化数据存储。

② **数据** ETL：支持多平台、多种数据存储格式。ETL 过程：抽取—转换—装载。

③ **数据统计输出（报表）**：包括统计数据表样式和统计图展示。

④ **分析功能**：有一定的交互要求，支持多维度 OLAP。（力杨记忆：仓库 ETL—统计分析）

（4）商业智能的 3 **个层次**。【2021 下】

① **数据报表**。

② **多维数据分析**（数据分析系统的总体架构分为 4 个部分：源系统、数据仓库、多维数据库和客户端）。

③ **数据挖掘**。（力杨记忆：高频考点，必须记住，且注意区分 4 个功能与 3 个层次）

（5）实施商业智能的 6 **个步骤**。

① 需求**分析**。

② 数据仓库**建模**。

③ 数据**抽取**。

④ 建立商业智能分析**报表**。

⑤ 用户培训和数据模拟**测试**。

⑥ 系统**改进**和完善。（力杨记忆：注意排序，分析建模—抽取报表—测试改进）

（6）在线（联机）分析处理（OLAP）。

① 强调企业的**事前控制能力**，它可以将设计、制造、运输和销售等通过集成来并行地进

行各种相关的作业，为企业提供了对质量、应变、客户满意度和绩效等关键问题的实时分析能力。

② OLAP 有多种实现方法，根据存储数据的方式不同可以分为 ROLAP（基于关系数据库）、MOLAP（基于多维数据组织）和 HOLAP（基于混合数据组织）。（力杨记忆：R 关系、M 多维、H 混合，特别区分 OLTP 在线事务处理）

1.1.6 新一代信息技术及应用

1. **大数据**（big data）

（1）大数据是指无法在一定时间范围内用**常规软件工具**进行捕捉、管理和处理的**数据集合**，是需要新处理模式才能具有更强的决策力、洞察发现力和流程优化能力的海量、高增长率和多样化的信息资产。

（2）大数据从数据源经过分析挖掘到最终获得价值一般需要经过 5 个主要环节，包括数据准备（ETL、提取、转化、加载）、数据存储与管理（SQL）、计算处理（批处理、交互分析、流处理）、数据分析（数据挖掘、数据仓库、OLAP、商务智能）、**知识展现**（数据可视化）。【2020 上】

（3）大数据的 5V 特点：volume（**大量**）、variety（**多样**）、value（**价值**）、veracity（**真实性**）、velocity（**高速**）。（力杨记忆：大多价真高，ZB ← EB ← PB ← TB ← GB ← MB ← KB ← B，自左向右换算，如 1ZB=1024EB）

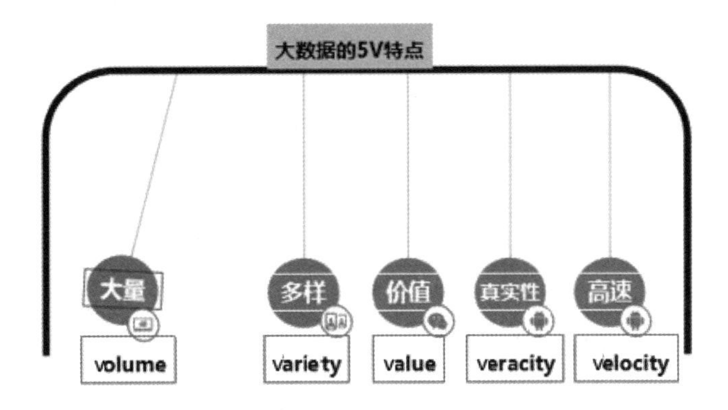

2. **大数据关键技术**

（1）大数据关键技术：大数据存储管理技术（首要解决）、大数据并行分析技术、大数据分析技术。

（2）HDFS：Hadoop 分布式文件系统（HDFS）是适合运行在通用硬件上的分布式文件系统，

是一个具有高度容错性的系统，**适合部署在廉价的机器上**。HDFS 能提供高吞吐量的数据访问，非常适合在大规模数据集上应用。

（3）HBase：一个分布式的、面向列的开源数据库。适合于非结构化数据存储的数据库。

（4）MapReduce：**一种编程模型**，用于大规模数据集（大于 1TB）的并行运算。

（5）Chukwa：一个开源的用于监控大型分布式系统的数据收集系统。（力杨记忆：高频考点）

3. **云计算**（cloud computing）

（1）云计算是一种基于互联网的计算方式，通过这种方式，在网络上配置为**共享的**软件**资源**、计算**资源**、存储**资源**和信息**资源**可以按需求提供给网上终端设备和终端用户。

（2）云计算基础设施关键技术：包括服务器、网络、数据中心等技术。

（3）云计算技术架构：设施层→资源层→资源控制层→服务层（IaaS、PaaS、SaaS）。

（4）云计算的主要特点。

① **宽带网络连接**：用户需要通过宽带网络接入“云”中，并获得有关的服务，“云”内节点之间也通过内部的高速网络相连。

② **快速、按需、弹性的服务**：用户可以按照实际需求迅速获取或释放资源，并可以根据需求对资源进行动态扩展。具体特点主要表现在**超大规模**、虚拟化、**高可靠性**、**通用性**、**高可扩展性**、按需服务、极其廉价、潜在的危险性。

（5）**云计算的服务类型**。

① IaaS **基础设施**即服务：提供计算机能力、存储空间等基础设施方面的服务（单纯出租资源，盈利能力有限）。【2020 上】

② PaaS **平台**即服务：提供虚拟的操作系统、数据库系统、Web 应用等平台化的服务。

③ SaaS **软件**即服务：提供应用软件、组件、工作流等虚拟软件的服务（一般采用 Web 技术、SOA 架构）。

④ DaaS **数据**即服务：**其核心能力是**数据共享。发展较晚，成熟度相对较低，但**发展潜力较大，一般在早期融资**。

⑤ NaaS **网络**即服务：**了解“云网融合”的概念**。

⑥ STaaS **存储**即服务：实现存储云化。

⑦ BaaS **区块链**即服务：将区块链框架嵌入云计算平台，利用云服务基础设施的部署和管理优势，为开发者提供便捷、高性能的区块链生态环境和生态配套服务，支持开发者的业务

拓展及运营的区块链开放平台。

4. **“互联网+”**

（1）**“互联网+各个传统行业”**：利用信息通信技术以及互联网平台，让互联网与传统行业进行深度融合，创造出的发展生态，但这并不是简单地将两者相加。到2025年，**网络化**、智能化、**服务化**、**协同化**的“互联网”产业生态体系基本完善，“互联网+”新经济形态初步形成，“互联网+”成为经济社会创新发展的重要力量。

（2）基本原则：坚持**开放共享**、坚持**融合创新**、坚持**变革转型**、坚持**引领跨越**、坚持**安全有序**。

（3）“互联网+”的六大特征：跨界融合、创新驱动、重塑结构、**尊重人性**、**开放生态**、**连接一切**。

5. **智慧城市**

（1）智慧城市功能层：物联感知层（传感器、摄像头、RFID标签）、通信网络层（互联网、电信网、广播电视网）、计算与存储层（软件资源、计算资源、存储资源）、数据及服务支撑层（SOA、云计算、大数据技术、智能挖掘分析、协同处理）、智慧应用层。

（2）智慧城市基本原则：以人为本，务实推进；因地制宜，科学有序；市场为主，协同创新；可管可控，确保安全。

（3）智慧城市三大体系：安全保障体系、建设和运营管理体系、标准规范体系。

6. **物联网**（IoT）

（1）物联网即“物物相联之网”，**不是**一种物理上独立存在的完整网络。物联网的“网”应与通信介质、通信拓扑结构**无关**。

（2）物联网三层架构：①感知层，负责信息采集和物物之间的信息传输，是实现物联网全面感知的核心能力（**信息采集技术：传感器**、**条码及二维码**、RFID**射频技术**、**音视频**；**信息传输技术：远近距离数据传输**、**自组织组网**、**协同信息处理**、**信息采集中间件**）；②网络层，是实现物联网的基础设施，是物联网三层架构中标准化程度最高、产业化最强、最成熟的部分（物联网管理中心、物联网信息中心）；③应用层，是物联网发展的根本目标（物联网与用户的接口）。（力杨记忆：感知层是物联网架构的基础层面）【**2020·2021上·2021下·2022上**】

（3）物联网**感知层**的技术：①产品和传感器自动识别技术（**条码**、RFID **传感器**等）；②无线传输技术（WLAN、Bluetooth、ZigBee、UWB）；③自组织组网技术；④中间件技术。

7. **移动互联网**

（1）移动互联网的特点：接入移动性、时间碎片性、生活相关性、终端多样性。

（2）移动互联网关键技术。

关键技术	概　念
架构技术 SOA	**面向服务的架构**，SOA 是一种粗粒度、松耦合服务架构。Web Service 是目前实现 SOA 的主要技术，是一个平台独立的、低耦合的、自包含的、基于可编程的 Web 应用程序【2022 上】
页面展示技术 Web 2.0	**不是一种技术**，而是**相对于** Web 1.0 **的新的时代**。指的是一个利用 Web 的平台，由用户主导而生成内容的互联网产品模式【2021 上】
页面展示技术 HTML5	具有高度互动性、丰富用户体验以及功能强大的客户端。HTML5 手机应用的最大优势就是可以在网页上直接调试和修改
主流开发平台 Android、iOS 和 Windows Phone	Android 是一种基于 Linux 的自由及开放源代码的操作系统，相对其他系统，特点是入门容易，因为 Android 的中间层多以 Java 实现【2021 下】

（3）Web 1.0 与 Web 2.0 的区别。

项　目	Web 1.0	Web 2.0
页面风格	结构复杂、页面烦冗	页面简洁、风格流畅
个性化程度	垂直化、大众化	个性化、突出自我品牌
用户体验程度	低参与度、被动接受	高参与度、互动接受
通信程度	信息闭塞、知识程度低	信息灵通、知识程度高
感性程度	追求**物质性**价值	追求**精神性**价值
功能性	实用、追求**功能性利益**	体验、追求**情感性利益**

8. **区块链**（block chain）<**超纲拓展**>

区块链起源于比特币，是新一代信息技术的重要组成部分，是**分布式网络**、加密技术、智能合约等多种技术集成的新型数据库软件，是一个分布式的共享账本和数据库。【2021 上】

区块链与互联网、大数据、人工智能等新一代信息技术深度融合，在各领域实现普遍应用，培育形成若干具有国际领先水平的企业和产业集群，产业生态体系趋于完善。区块链成为建设制造强国和网络强国、发展数字经济、实现国家治理体系和治理能力现代化的重要支撑。

（1）**区块链的特点：**去中心化、不可篡改、全程留痕、可以追溯、集体维护、公开透明（开放性、非对称加密）等特点。去中心化是区块链最突出、最本质的特点。

（2）**区块链的组成：**数据层（数据区块、链式结构、时间戳、哈希函数、非对称加密）→网络层（P2P 网络、传播机制、验证机制）、共识层（PoW、PoS、DPoS）、激励层（发行机制、分配机制）、合约层（脚本代码、算法机制、智能合约）、应用层（可编程货币、可编程金融、可编程社会）。

（3）**应用区块链的基本原则：**应用牵引、创新驱动、生态培育、多方协同、安全有序。

9. 人工智能（AI）<超纲拓展>

（1）**定义：**AI是研究、开发用于模拟、延伸和扩展人的智能的理论、方法、技术及应用系统的一门新的技术科学。机器学习是人工智能的核心。【2020上·2022上】

（2）**应用领域：**机器视觉、指纹识别、人脸识别、视网膜识别、虹膜识别、掌纹识别、专家系统、自动规划、智能搜索、定理证明、博弈、自动程序设计、智能控制、机器人学、语言和图像理解、遗传编程（如科大讯飞语音输入法、小度/小爱智能语音音箱、智能语音遥控器、AR/VR、自动驾驶、送餐机器人、无人超市/酒店、无人机等）。

10. 新一代通信技术5G/6G<超纲拓展>

（1）2019年6月6日，工业和信息化部向中国移动、中国电信、中国联通、中国广电四家企业颁发5G商用牌照，标志着我国正式进入5G商用元年。用户体验速率达到1GB/s。

（2）**6G第六代移动通信技术：**主要促进的就是物联网的发展，6G仍在开发阶段。6G的传输能力可能达到5G的100**倍**，峰值速率可达1TB/s，网络延迟也可能从毫秒级降到**微秒级**。6G将使用“**空间复用技术**”，6G基站将可同时接入数百个甚至数千个无线连接，其容量将达到5G基站的1000倍。

11. “十四五”规划<超纲拓展>

（1）坚持创新在我国现代化建设全局中的核心地位，把科技自立自强作为国家发展的战略支撑，面向世界科技前沿、面向经济主战场、面向国家重大需求、面向人民生命健康，深入实施**科教兴国**战略、**人才强国**战略、**创新驱动**发展战略，完善国家创新体系，加快建设科技强国。

（2）聚焦**量子信息、光子与微纳电子、网络通信、人工智能、生物医药、现代能源系统**等重大创新领域，组建一批国家实验室，重组国家重点实验室，形成结构合理、运行高效的实验室体系。

（3）瞄准人工智能、**量子信息**、**集成电路**、**生命健康**、**脑科学**、**生物育种**、**空天科技**、**深地深海**等前沿领域，实施一批具有前瞻性、战略性的国家重大科技项目。

（4）深入实施智能制造和绿色制造工程，发展**服务型**制造新模式，推动制造业高端化、智能化、绿色化。培育先进制造业集群，推动集成电路、航空航天、船舶与海洋工程装备、机器人、先进轨道交通装备、先进电力装备、工程机械、高端数控机床、医药及医疗设备等产业创新发展。

（5）聚焦新一代信息技术、生物技术、新能源、新材料、高端装备、新能源汽车、绿色环保以及航空航天、海洋装备等战略性新兴产业，加快关键核心技术创新应用，增强要素保障能力，培育壮大产业发展新动能。

（6）在类脑智能、量子信息、基因技术、未来网络、深海空天开发、氢能与储能等前沿科技和产业变革领域，组织实施未来产业孵化与加速计划，谋划布局一批未来产业。

（7）围绕强化数字转型、智能升级、融合创新支撑，布局建设信息基础设施、融合基础设施、创新基础设施等新型基础设施。

（8）迎接数字时代，激活数据要素潜能，推进网络强国建设，加快建设数字经济、数字社会、数字政府，以数字化转型整体驱动生产方式、生活方式和治理方式变革。

（9）培育壮大人工智能、大数据、区块链、云计算、网络安全等新兴数字产业，提升通信设备、核心电子元器件、关键软件等产业水平。构建基于5G的应用场景和产业生态，在智能交通、智慧物流、智慧能源、智慧医疗等重点领域开展试点示范。鼓励企业开放搜索、电商、社交等数据，发展第三方大数据服务产业。促进共享经济、平台经济健康发展。

（10）坚持以企业为主体，以市场为导向，遵循国际惯例和债务可续性原则，健全多元化融资体系。

（11）基本实现新型工业化、信息化、城镇化、农业现代化，建成现代化经济体系。

1.2 学霸演练

1.（　　）**指信息的主要质量属性可以被证实或者证伪的程度。**

A. 精确性　　B. 可靠性　　C. 可验证性　　D. 安全性

2. **信息的质量属性有7个，（　　）不是信息的质量属性。**

A. 完整性　　B. 可靠性　　C. 及时性　　D. 健壮性

3. **按照云计算服务类型，百度网盘应属于（　　）服务，微信属于（　　）服务。**

A. IaaS　　B. PaaS　　C. SaaS　　D. DaaS

4. 以下关于物联网的说法不正确的是（　　）。

A. 感知层负责信息采集和物物之间的信息传输

B. 网络层是物联网三层架构中标准化程度最高、产业化最强、最成熟的部分

C. 感知层是实现物联网的基础设施，是实现物联网全面感知的核心能力

D. 应用层是物联网发展的根本目标

5. 智慧城市计算与存储层不包括（　　）。

A. 互联网　　B. 电信网　　C. 广播电视网　　D. 传感器网络

6. 以下关于商业智能的 3 个层次的说法正确的是（　　）。

A. 数据仓库、数据 ETL、分析功能　　B. 数据仓库、数据挖掘、OLAP

C. 数据报表、多维数据分析、数据挖掘　　D. 数据统计输出、数据挖掘、OLAP

7. 国家信息化建设六要素中，（　　）是信息化建设的关键。

A. 信息化人才　　B. 信息网络　　C. 信息资源　　D. 信息技术和产业

8. 协同处理是智慧城市建设参考模型（　　）中的关键技术。

A. 智慧应用层　　B. 计算与存储层

C. 数据及服务支撑层　　D. 网络通信层

9. 大数据的数据分析环节中的内容不包括（　　）。

A. 数据仓库　　B. OLAP　　C. 商务智能　　D. 交互分析

10.（　　）是区块链最突出、最本质的特点。

A. 去中心化　　B. 不可篡改　　C. 全程留痕　　D. 公开透明

11.（　　）不是人工智能的应用领域。

A. 机器视觉　　B. 语言和图像理解　　C. 博弈　　D. NFC

12.“十四五”规划中明确，围绕强化数字转型、智能升级、融合创新支撑，布局建设（　　）等新型基础设施。

①信息基础设施；②网络基础设施；③融合基础设施；④创新基础设施

A. ①②③　　B. ①②④　　C. ②③④　　D. ①③④

13. 碳达峰是指二氧化碳排放量达到历史最高值，至（　　）年，重点耗能行业能源利用率达到国际先进水平。

A. 2025　　B. 2030　　C. 2035　　D. 2060

参考答案：

1. C。力杨解析：务必注意“可验证性”既可以“被证实”，也可以“被证伪”。

2. D。力杨解析：区分信息的质量属性和信息的系统特性，“**健壮性**”明显为信息的系统特性。

3. A、C。力杨解析：根据概念区分，百度网盘提供**存储空间**，是一种 IaaS 基础设施服务；微信是一种 SaaS 软件服务。

4. C。力杨解析：网络层是实现物联网的基础设施。

5. D。力杨解析：考查智慧城市 5 层模型，传感器网络属于物联感知层。

6. C。力杨解析：考查商业智能的 3 个层次：数据报表、多维数据分析、数据挖掘。

7. A。力杨解析：信息化人才对其他各要素的发展速度和质量有着决定性的影响，是信息化建设的关键。

8. C。力杨解析：数据及服务支撑层中的关键技术包括 SOA、云计算、大数据技术、智能挖掘技术、协同处理。

9. D。力杨解析：大数据分析的 5 个主要环节是指数据准备（ETL、提取、转化、加载）、数据存储与管理（SQL）、计算处理（批处理、交互分析、流处理）、数据分析（数据挖掘、数据仓库、OLAP、商务智能）、知识展现（数据可视化）。

10. A。力杨解析：区块链的特点有**去中心化**、不可篡改、全程留痕、可以追溯、集体维护、公开透明（开放性、非对称加密）等。去中心化是区块链最突出、最本质的特点。

11. D。力杨解析：AI **应用领域**包括机器视觉、指纹识别、人脸识别、视网膜识别、虹膜识别、掌纹识别、专家系统、自动规划、**智能搜索**、定理证明、博弈、自动程序设计、**智能控制**、机器人学、**语言和图像理解**、遗传编程（如科大讯飞语音输入法、小度 / 小爱智能语音音响、智能语音遥控器、AR/VR、自动驾驶、送餐机器人、无人超市 / 酒店等、无人机），NFC 是近场通信，是一种新兴的无线通信技术。

12. D。力杨解析：围绕强化数字转型、智能升级、融合创新支撑，布局建设信息基础设施、融合基础设施、创新基础设施等新型基础设施。

13. B 。力杨解析：2025 年，绿色低碳循环发展的经济体系初步形成，能源利用率大幅提升；2030 年，碳达峰目标实现，重点耗能行业能源利用率达到国际先进水平；2060 年，碳中和目标顺利实现。

第 2 章　信息系统集成和服务管理

扫一扫，看视频

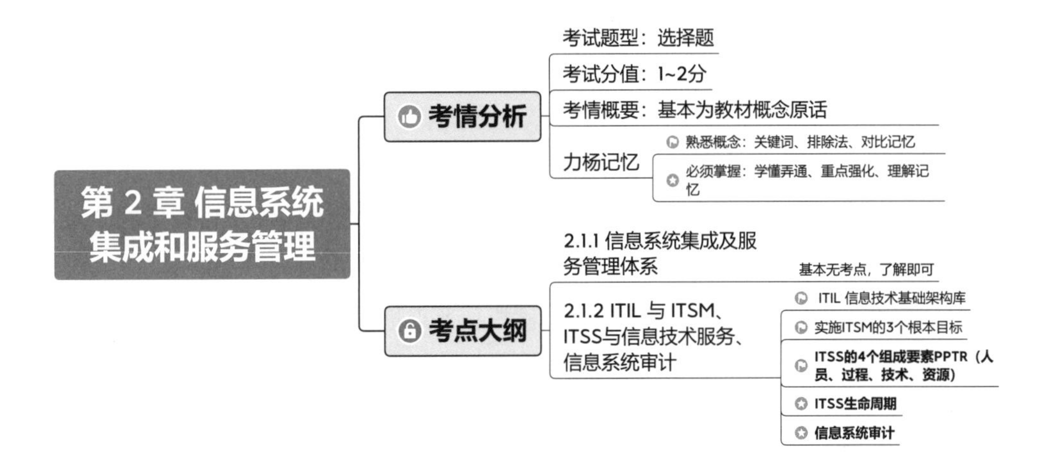

2.1 学霸知识点

考情分析	选择题	案例题
	1 ~ 2分	—
力杨引言	引言：本章为系统集成概念，教材共 3 节内容，需对 ITSS、信息系统审计等主要概念重点掌握。学习建议：多看两遍，考前强化即可。	

2.1.1 信息系统集成及服务管理体系

1. 资质认定及程序

（1）申请企业自主选择符合条件的评审机构并向其提交申报材料。其中，申请一级、二级**集成资质的企业**应向 A 级评审机构提交申报材料；申请三级、四级**集成资质的企业**可向注册所在地的 B 级评审机构提交申报材料，或向 A 级评审机构提交申报材料。

（2）电子联合会系统集成资质办审查申报材料和评审报告，并组织召开资质评审会。对通过评审会的集成一级、二级资质新申报企业，电子联合会系统集成资质办在工作网站公示 10 天。

2. 计算机信息系统集成资质

（1）资质等级从高到低依次为一、二、三、四级。

（2）资质认证过程中要对企业的软件开发和系统集成的人员队伍、环境设备、质保体系、客服体系、培训体系、软件成果及所占比例、注册资本及财务状况、营业规模及业绩、项目质量、单位信誉等方面进行严格审查，还要进行每年一次年度数据填报和每四年一次换证等检查。

2.1.2 ITIL 与 ITSM、ITSS 与信息技术服务、信息系统审计

1. ITIL（信息技术基础架构库）

ITIL 包含如何管理 IT 基础设施的流程描述，以流程为向导、以客户为中心，通过整合 IT 服务与企业服务，提高企业的 IT 服务提供和服务支持的能力和水平。

2. ITSM（IT 服务管理）

（1）ITSM 的核心思想：IT 组织**不管是组织内部的还是外部的，都是 IT 服务提供者**，其主要工作就是提供低成本、高质量的 IT 服务。它是一种以服务为中心的 IT 管理。

（2）IT 服务标准体系：ITSS 包含了 IT 服务的规划设计、部署实施、服务运营、持续改进和监督管理等全生命周期阶段应遵循的标准。

（3）ITSM 的基本原理：可简单地用“**二次转换**”来概括，第一次是“**梳理**”，第二次是“**打包**”。

（4）实施 ITSM 的根本目标：①**以客户为中心**提供 IT 服务；②提供高质量、低成本的服务；③提供的服务是可准确计价的。

（5）ITSM 的范围：适用于 IT 管理而不是企业的业务管理、ITSM 不是通用的 IT 规划方法。

（6）ITSM 的价值：商业价值、财务价值、创新价值、内部价值、员工利益。

3. ITSS（**信息技术服务标准**）

（1）ITSS 是一套成体系和综合配套的信息技术服务标准库，全面规范了 IT 服务产品及其组成要素，用于指导实施标准化和可信赖的 IT 服务。

（2）ITSS 组成要素：人员（正确选人）、过程（正确做事）、技术（高效做事）、资源（保障做事）。【2022 上】

（3）ITSS 生命周期（PIOIS）：规划**设计**→部署**实施**→服务**运营**→**持续**改进→监督**管理**。（力杨记忆：必考顺序题“规划→部署→服务→改进→监督”）【2020 上 · 2021 下】

① **规划设计**：从客户角度出发，以需求为中心，参照 ITSS 对 IT 服务进行全面系统的战略规划和设计，为 IT 服务的部署实施做好准备，以确保提供满足客户需求的 IT 服务。

② **部署实施**：在规划设计的基础上，依据 ITSS 建立管理体系，部署专用工具及服务解决方案。

③ **服务运营**：根据服务部署实施情况，依据 ITSS，采用过程方法，全面管理基础设施、服务流程、人员和业务连续性，实现业务运营与 IT 服务运营融合。

④ **持续改进**：根据服务运营的实际情况，定期评估 IT 服务满足业务运营的情况，以及 IT 服务本身存在的缺陷，提出改进策略和方案，并对 IT 服务进行重新规划设计和部署实施，以提高 IT 服务质量。

⑤ **监督管理**：主要依据 ITSS 对 IT 服务质量进行评价，并对服务提供方的服务过程、交付成果实施监督和绩效评估。

（4）ITSS 体系框架：分为基础标准、服务管控标准、服务外包标准、业务标准、安全标准、行业应用标准六大类。

（5）IT 的服务产业化进程：产品服务化、服务标准化、服务产品化。（力杨记忆：注意顺序）

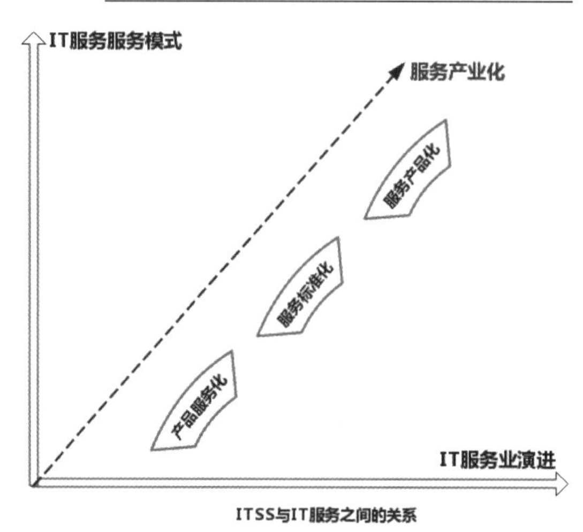

4. 信息系统审计

（1）信息系统审计是全部审计过程的一部分，目的是评估并提供反馈、保证及建议。关注：①**保密性**，不被暴露 / 不被泄露；②**完整性**，不被修改 / 不被篡改；③**可用性**，随时可用。

（2）信息系统审计的 4 个理论：传统审计**理论**、信息系统管理**理论**、行为科学**理论**、计算机科学。

（3）信息安全审计依据。

① 一般公认信息系统审计准则——ISACA 公告、职业准则、职业道德规范。

② 信息系统的控制目标。

③ 其他法律和规定。

（4）信息系统审计主要包括以下内容。

① 信息系统的管理、规划与组织。

② 信息系统技术基础设施与操作实务。

③ 资产的保护。

④ 灾难恢复和业务持续计划。

⑤ 应用系统开发、获得、实施与维护。

⑥ 业务流程评价与风险管理。

5. 基于风险方法进行审计的步骤

（1）**编制**组织使用的信息系统清单并对其进行分类。

（2）**决定**哪些系统影响关键功能和资产。

（3）**评估**哪些风险影响这些系统及对商业运作的冲击。

（4）在上述评估的基础上对**系统进行分级**，决定审计优先值、资源、进度和频率。（力杨记忆：主要顺序题“编制→决定→评估→分级”）

6. 信息系统审计流程

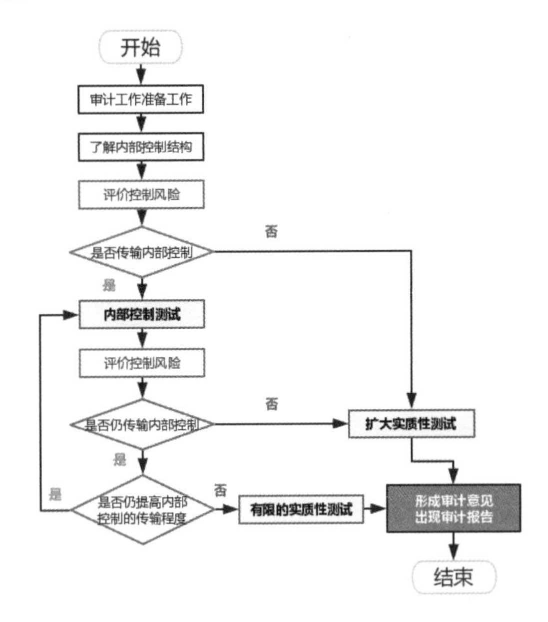

2.2 学霸演练

1. 信息技术服务标准（ITSS）规定了IT服务的组成要素和生命周期，ITSS生命周期由规划设计、部署实施、服务运营、（　　）、监督管理5个阶段组成。

A. 项目收尾　　B. 项目验收　　C. 项目评价　　D. 持续改进

2.（　　）不属于信息系统审计的主要内容。

A. 信息化战略　　B. 资产的保护

C. 灾难恢复与业务持续计划　　　　　　D. 业务流程评价与风险管理

3. **在信息系统审计流程中，在评价控制风险过程中需要判定“是否传输内部控制”，若为“否”，则需进行（　　）。**

A. 内部控制测试　　　　　　　　　　　B. 扩大实质性测试

C. 有限的实质性测试　　　　　　　　　D. 直接形成审计报告

4. ITSS **组成要素中，（　　）用来高效做事。**

A. 人员　　　　B. 过程　　　　C. 技术　　　　D. 资源

5. **以下基于风险方法进行审计的步骤，顺序正确的是（　　）。**

①决定哪些系统影响关键功能和资产；②编制组织使用的信息系统清单并对其进行分类；③对系统进行分级，决定审计优先值、资源、进度和频率；④评估哪些风险影响这些系统及对商业运作的冲击。

A. ①②③④　　　B. ②③④①　　　C. ②①④③　　　D. ①④②③

6. **信息系统审计的（　　）是指商业高度依赖的信息系统能否在任何需要的时刻提供服务。**

A. 保密性　　　B. 完整性　　　C. 可用性　　　D. 可控性

参考答案：

1. D。力杨解析：ITSS **生命周期是**规划设计、部署实施、服务运营、持续改进、监督管理。

2. A。力杨解析：**信息系统审计的主要内容：**①信息系统的管理、规划与组织；②信息系统技术基础设施与操作实务；③资产的保护；④灾难恢复与业务持续计划；⑤应用系统开发、获得、实施与维护；⑥业务流程评价与风险管理。

3. B。力杨解析：若为“**是**”，则判定“**是否仍提高内部控制的传输程度**”；若为“**否**”，则进行“**扩大实质性测试**”。

4. C。力杨解析：ITSS 组成要素 PPTR：（P）**人员**（**正确选人**）、（P）**过程**（**正确做事**）、（T）**技术**（**高效做事**）、（R）**资源**（**保障做事**）。

5. C。力杨解析：**基于风险方法进行审计的步骤：**①**编制**组织使用的信息系统清单并对其进行分类；②**决定**哪些系统影响关键功能和资产；③**评估**哪些风险影响这些系统及对商业运作的冲击；④在上述评估的基础上对**系统进行分级**，决定审计优先值、资源、进度和频率。

6. C。力杨解析：保密性，不被暴露 / 不被泄露；完整性，不被修改 / 不被篡改；可用性，随时可用。

第 3 章　信息系统集成专业技术知识

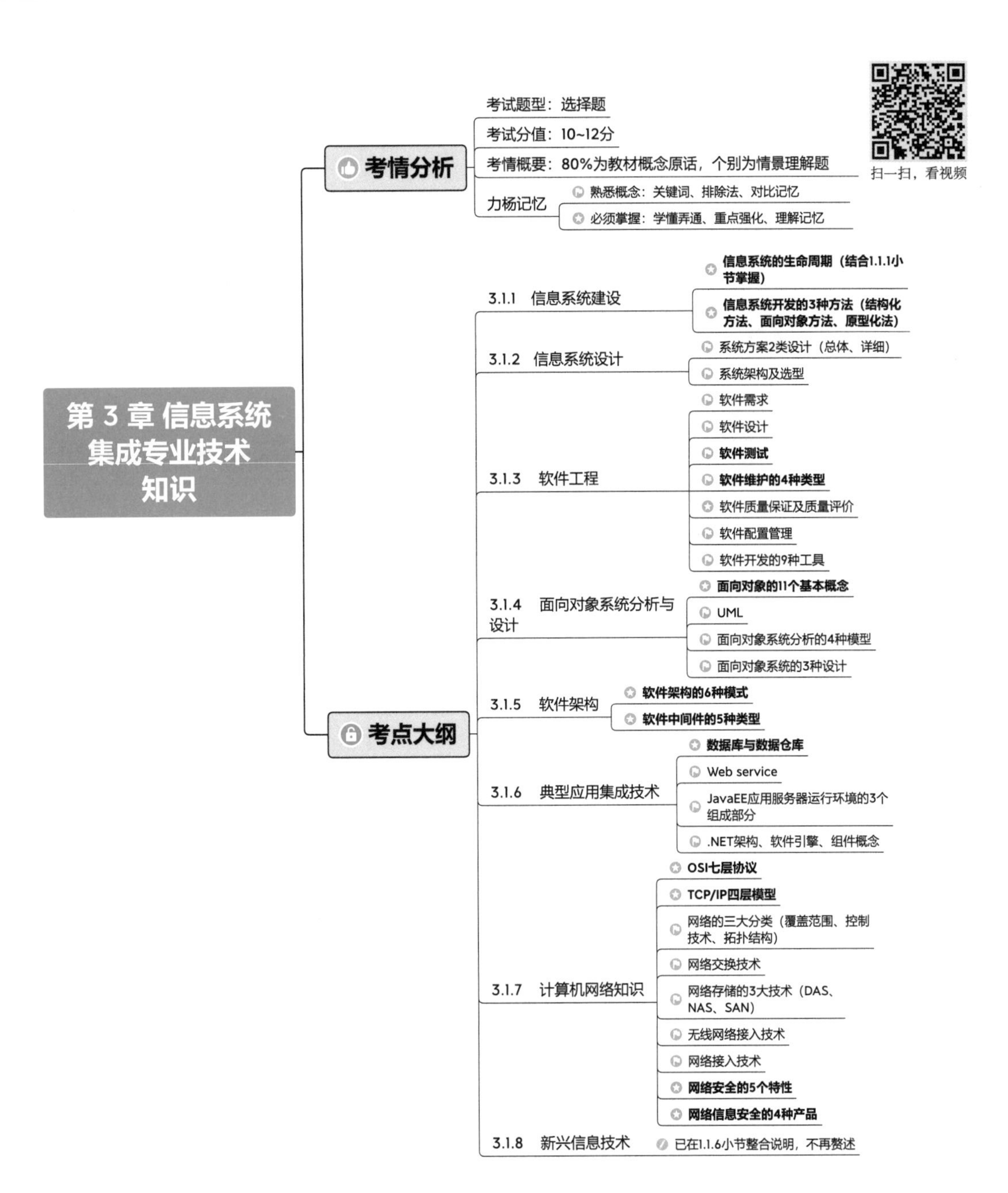

3.1 学霸知识点

考情分析	选择题	案例题
	10 ~ 12分	—
力杨引言	引言：本章为信息系统、系统集成专业知识，即IT技术部分，教材共8节内容，其中教材第8节新一代信息技术内容已经在第1章汇总过，此处不再赘述，需对信息系统生命周期、软件工程、典型应用集成、计算机网络知识等重点掌握，是综合选择的重中之重。学习建议：结合第1 ~ 2章进行学习，必须掌握并强化学习。	

3.1.1 信息系统建设

1. 信息系统的生命周期

生命周期（5个阶段）	具体内容	生命周期（4个阶段）
系统规划	可行性分析与项目开发计划，SRS【2021上】	立项
系统分析	需求分析	开发（含系统验收）
系统设计	概要设计、详细设计	
系统实施	编码、测试	
运行维护	运行维护	运维（更正性、适应性、完善性、预防性）
		消亡（更新改造、废弃重建）【2021下】

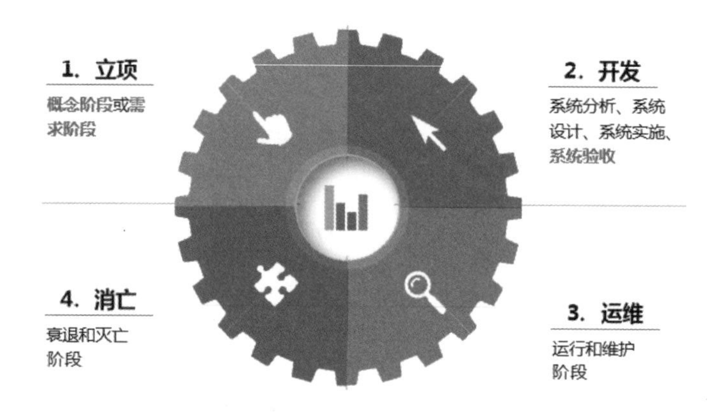

2. 信息系统的开发方法

（1）**结构化方法（生命周期法）**：把整个系统的开发过程**分为若干阶段**，然后依次进行，前一阶段是后一阶段的工作依据，按顺序完成。每个阶段和主要步骤都有明确详尽的文档编制要求，并对其进行有效控制。特点是注重开发过程的整体性和全局性。缺点：开发周期长，文档、设计说明烦琐，工作效率低。【2022 上】

（2）**面向对象方法**（OO）：用对象表示客观事物，对象是一个严格模块化的实体，在系统开发中可被共享和重复引用，以达到复用的目的。其关键是能否建立一个全面、合理、统一的模型，既能反映需求对应的问题域，也能被计算机系统对应的求解域所接收。对象是类的实例、类是对象的抽象、类中包含方法和属性、一个类可以产生多个对象。包含**分析、设计、实现** 3 个阶段。

（3）**原型化方法（快速原型法）**：根据用户需求动态响应，逐步纳入，通过**反复修改**最终满足系统需求。分为抛弃型原型、进化型原型两种。特点：周期短、成本及风险低、速度快。【2020 上・2022 上】

3.1.2 信息系统设计

1. 系统方案设计

系统方案设计	分类（力杨记忆：高频知识点，"总体方案"）
总体设计	系统的总体架构方案设计
	软件系统的总体架构设计
	数据存储的总体设计
	计算机和网络系统的方案设计
详细设计	代码设计
	数据库设计
	人—机界面设计
	处理过程设计

2. 系统架构

（1）系统架构是将系统整体**分解为更小的**子系统和组件，从而形成**不同的**逻辑层和服务。

（2）对整个系统的分解，既要进行 **"纵向"** 分解，也需要对同一逻辑层分块，进行 **"横向"** 分解。

（3）系统的选型主要取决于系统架构。

3.1.3 软件工程

1. 软件需求

（1）软件需求是针对**待解决**问题的特性的描述，定义的需求必须可以被验证。

（2）在资源有限时，可以通过优先级对需求进行权衡。

（3）通过需求分析，可以检测和解决需求之间的冲突；发现系统的边界，并详细描述系统需求。

2. 软件设计

根据软件需求，产生一个软件内部结构的描述，并将其作为软件构造的基础。通过软件设计得到要实现的各种不同模型，并确定最终方案。可以划分为软件架构设计（也叫作**高层设计**）和软件详细设计两个阶段。

3. 软件测试

软件测试是为了评价和改进产品质量、识别产品的缺陷和问题而进行的活动。

（1）软件测试是针对一个程序的行为，在有限测试用例集合上，**动态验证**是否达到预期的行为。

（2）软件测试**不再只是一种仅在编码阶段**完成后才开始的活动。

（3）软件测试伴随着开发和维护过程，通常划分为单元测试、集成测试、系统测试。【2021上·2021下】

4. 软件维护

（1）将软件维护定义为需要提供软件支持的全部活动，这些活动包括在**交付前**完成的活动，以及在**交付后**完成的活动。

（2）软件维护的类型。

①更正**性维护**：更正交付后发现的错误。

②适应**性维护**：软件产品能够在**变化后或变化中**的环境中继续使用。

③完善**性维护**：改进交付后产品的性能和可维护性。

④预防**性维护**：软件产品中的潜在错误成为实际错误前，检测并更正它。

5. 评审与审计

（1）评审与审计的内容：管理评审、技术评审、检查、走查和审计。

（2）**软件审计的目的：**提供软件产品和过程对于可应用的规则、标准、指南、计划和流程的遵从性的**独立评价**。审计是正式组织的活动，识别违例情况，并产生一个报告，采取**更正性行动**。

（3）**管理评审的目的：**监控进展，决定计划和进度的状态，确认需求及其系统分配，或评价用于达到目标适应性的管理方法的有效性。它们支持相关软件项目设计期间需求的变更和其他变更活动。

（4）**技术评审的目的：**评价软件产品，以确定其对使用意图的适合性，目标是识别规范说明和标准的差异，并向管理提供证据，以表明产品是否满足规范说明并遵从标准，而且可以控制变更。

6. 软件质量

（1）软件质量定义：软件特性的总和，是软件满足用户需求的能力，即遵从用户需求，达到用户满意。

（2）**软件质量分类：**外部质量、使用质量、内部质量。（力杨记忆：外使内）

（3）软件质量管理过程：质量保证过程、验证过程、确认过程、评审过程、审计过程等。

① **软件质量保证：**通过制订计划、实施和完成等活动保证项目生命周期中的软件产品和过程符合其规定的要求。

② **验证与确认：**确定某一活动的产品是否符合活动的需求，最终的软件产品是否达到其意图并满足用户需求。验证过程试图确保活动的输出产品已经被正确构造，即活动的输出产品满足活动的规范说明；确认过程则试图确保构造了正确的产品，即产品满足其特定的要求。

【2020·2021上】

7. 软件配置管理

（1）软件配置管理关注的是软件生命周期的变更，包括**软件配置管理**计划、**软件配置**标识、**软件配置**控制、**软件配置状态**记录、**软件配置**审计、**软件发布管理与**交付等活动。

（2）**软件配置管理计划**的制订需要了解组织结构环境和组织单元之间的联系，明确软件配置控制任务。

（3）软件配置标识活动识别要控制的配置项，并为这些配置项及其版本建立基线。

【2021下】

（4）**软件配置控制**关注的是管理软件生命周期中的变更。

（5）软件配置状态记录标识、收集、维护并报告配置管理的配置状态信息。

（6）软件配置审计是独立评价软件产品和过程是否遵从已有的规则、标准、指南、计划和流程而进行的活动。

（7）**软件发布管理和交付**通常需要创建特定的交付版本，完成此任务的关键是软件库。

8. **软件过程管理**

（1）项目启动与范围定义——对照项目管理启动过程组。

（2）项目规划、制订计划——对照项目管理计划过程组。

（3）项目实施——对照项目管理执行过程组。

（4）项目监控与评审——对照项目管理监控过程组。

（5）项目收尾与关闭——对照项目管理收尾过程组。

9. **软件开发工具**

（1）软件需求工具：包括需求建模工具和需求追踪工具。

（2）软件**设计工具：**包括软件设计创建和检查工具。

（3）软件**构造工具：**包括程序编辑器、编译器、代码生成器、解释器、调试器等。

（4）软件**测试工具：**包括测试生成器、测试执行框架、测试评价工具、测试管理工具、性能分析工具。

（5）软件**维护工具：**包括理解工具（如可视化工具）和再造工具（如重构工具）。

（6）软件配置管理工具：包括追踪工具、版本管理工具和发布工具。

（7）软件**工程管理工具：**包括项目计划与追踪工具、风险管理工具和度量工具。

（8）软件**工程过程工具：**包括建模工具、管理工具、软件开发环境。

（9）软件**质量工具：**包括检查工具和分析工具。

10. **软件复用**

（1）软件复用是指利用已有软件的各种有关知识构造新的软件，以缩减软件开发和维护的费用。复用是提高软件生产力和质量的一种重要技术。

（2）软件复用的主要思想是，将软件看成是由不同功能的“组件”所组成的有机体，每一个组件在设计编写时可以被设计成完成同类工作的通用工具。早期的软件复用主要是**代码级复用**。

3.1.4 面向对象系统分析与设计

1. 面向对象

分　类	要点：必考题，重点掌握对象、类、抽象、封装、继承、多态
对象	由数据及其操作所构成的封装体，是系统中用来描述客观事物的一个模块，**是构成系统的基本单位**。用计算机语言来描述，对象是由一组属性和对这组属性进行的操作构成的。对象的3个基本要素：对象标识、对象状态和对象行为
类	现实世界中实体的形式化描述，类将该实体的**属性（数据）**和**操作（函数）**封装在一起。类和对象的关系可以理解为，对象是类的实例，类是对象的模板【2020上】
抽象	通过特定的实例抽取共同特征后形成概念的过程。抽象是一种单一化的描述，强调给出与应用相关的特性，抛弃不相关的特性。对象是现实世界中某个实体的抽象，类是一组对象的抽象
封装	将相关的概念组成一个单元模块，并通过一个名称来引用它。面向对象封装是将数据和基于数据的操作封装成一个整体对象，**对数据的访问或修改只能通过对象对外提供的接口进行**
继承	表示类之间的层次关系（父类与子类），这种关系使得某类对象可以继承另外一类对象的特征，继承又可以分为单继承和多继承
多态	使得在多个类中可以定义同一个操作或属性名，并在每个类中可以有不同的实现。多态使得某个属性或操作在不同的时期可以表示不同类的对象特性【2021上】
接口	描述对操作规范的说明，只说明操作应该做什么，并没有定义操作如何做。可以将接口理解为类的一个特例，它规定了实现此接口的类的操作方法【2021下】
消息	体现对象间的交互，通过它向目标对象发送操作请求
组件	表示软件系统可替换的、物理的组成部分，封装了模块功能的实现。组件应当是内聚的，并具有相对稳定的公开接口
复用	指将已有的软件及其有效成分用于构造新的软件或系统。组件技术是软件复用实现的关键
模式	描述了一个不断重复发生的问题，以及该问题的解决方案。其包括**特定环境、问题和解决方案**3个组成部分

2. UML与RUP

（1）UML：统一建模语言，是一种可视化的**建模语言**（**不是编程语言**），比较适用于迭代式的**开发过程**。

（2）RUP：是使用面向对象技术进行软件开发的最佳实践之一，是软件工程的过程。

3. 面向对象系统分析

（1）面向对象系统分析的模型：用例模型、类—对象模型、对象—关系模型、对象—行为模型。

（2）面向对象系统设计内容：用例设计、类设计、子系统设计。【2022上】

3.1.5 软件架构

1. 软件架构模式

分　类	要　　点
管道 / 过滤器模式	典型应用包括**批处理系统**。该模式体现了各功能模块高内聚、低耦合的“黑盒”特性
面向**对象**模式	典型应用是基于**组件的软件开发**
事件驱动模式	典型应用包括**各种图形界面应用**【2022 上】
分层模式	典型应用是**分层通信协议**，如 ISO/OSI 的七层网络模型。此模式也是通用应用架构的基础模式
客户端 / 服务器模式（C/S）	允许网络分布操作，适用于**分布式系统，如** TFTP **简单文件传输协议**
浏览器 / 服务器模式（B/S）	为了解决 C/S 模式中客户端的问题，发展形成了浏览器 / 服务器（browser/server，B/S）模式，**如** WWW **万维网**

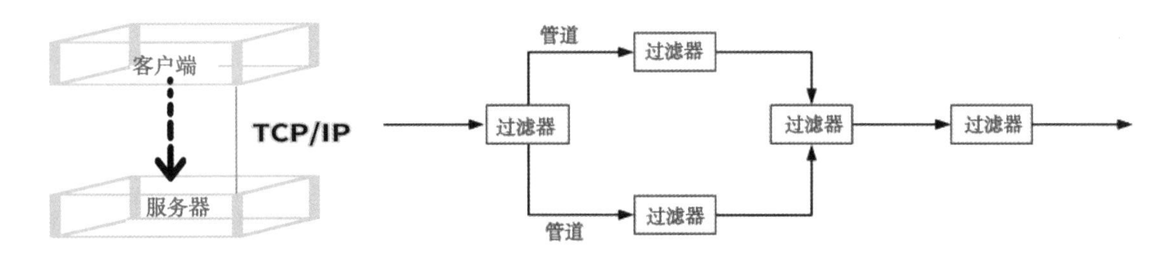

2. 软件架构分析与评估需要考虑的问题

（1）**数据库选择问题**：目前主流的数据库为关系型数据库。

① 关系型：Oracle、MySQL、SQL Server。

② 非关系型：MongoDB。

（2）**用户界面选择问题**：HTML/HTTP（S）协议是实现 Internet 应用的重要技术。

（3）灵活性和性能问题。

（4）技术选择问题。

（5）**人员选择问题**。【2021 上】

3. 软件中间件

中间件是位于**硬件、操作系统等平台和应用之间的通用服务**；借由中间件，解决了分布系统的异构问题。【2022 上】

中间件	概　念	典型技术
数据库访问**中间件**	通过一个抽象层访问数据库，从而允许使用相同或相似的代码访问不同的数据库资源	ODBC–JDBC【2020上】
远程过程调用中间件（RPC）	一种分布式应用程序的处理方法	Stup、Skeleton
面向消息中间件（MOM）	利用高效可靠的消息传输机制进行平台无关的数据传输，可以基于数据通信进行分布式系统的集成	IBM的MQSeries
分布式对象中间件	建立对象之间客户端/服务器关系的中间件，结合了对象技术与分布式计算技术	OMG的CORBA、Java的RMI/EJB、Microsoft的DCOM
事务中间件（TPM）	提供支持大规模事务处理的可靠运行环境，位于客户端和服务器之间，完成事务管理与协调、负载均衡、失效恢复等任务，提供系统的整体性能	IBM/BEA的Tuxedo

3.1.6　典型应用集成技术

1. 数据仓库技术

数据仓库是一个面向主题的、集成的、相对稳定的、反映历史变化的（随时间变化）数据集合，用于支持管理决策。数据仓库是对**多个异构数据源**（包括历史数据）的有效集成。【2020・2021上・2022上】

2. Web服务（Web service）技术

（1）定义了一种松散的、粗粒度的分布计算模式，使用标准的HTTP（S）协议传送XML表示及封装的内容，Web服务的主要目标是跨平台的互操作性。

（2）随着云计算技术的普及，Web服务将逐渐融合到**云计算** SaaS **服务**中。

（3）Web服务的典型技术。

①用于传递信息的简单对象访问协议（SOAP）。

②用于描述服务的Web服务描述语言（WSDL）。

③用于Web服务注册的统一描述。

④发现及集成（UDDI）。

⑤数据交换的XML。

3. JavaEE

（1）应用将开发工作分成两类：业务逻辑开发和表示逻辑开发。

（2）应用服务器运行环境：①组件（component），表示应用逻辑的代码；②容器（container），

组件的运行环境；③服务（service），应用服务器提供的各种功能接口，可以同系统资源进行交互。【2020 上】

4. .NET 架构

（1）基于一组开放的互联网协议而推出的一系列的**产品、技术和服务**。

（2）**通用语言运行环境**处于 .NET 开发框架的最底层，是该框架的基础，它为多种语言提供了统一的运行环境、统一的编程模型，大大简化了应用程序的发布和升级、多种语言之间的交互、内存和资源的自动管理等。

（3）JavaEE 与 .NET 架构都可以用来设计、开发企业级应用。JavaEE 是业界标准、.NET 架构不是业界标准。

5. 软件引擎与组件

（1）通常是系统的核心组件，目的是封装某些过程方法，使得在开发时不需要过多地关注其具体实现，从而可以将关注点聚焦在与业务的结合上。

（2）工作流程引擎是工作流管理系统的运行和控制中心。

（3）工作流程引擎的主要功能是流程调度和冲突检测。

（4）组件技术是利用某种编程手段，将一些人们所关心的但又不便于让最终用户去直接操作的细节进行封装，同时实现各种业务逻辑规则，用于处理用户的内部操作细节。可以跨平台实现。

3.1.7 计算机网络知识

1. OSI 协议（七层协议模型）【2020・2021 上・2021 下・2022 上】

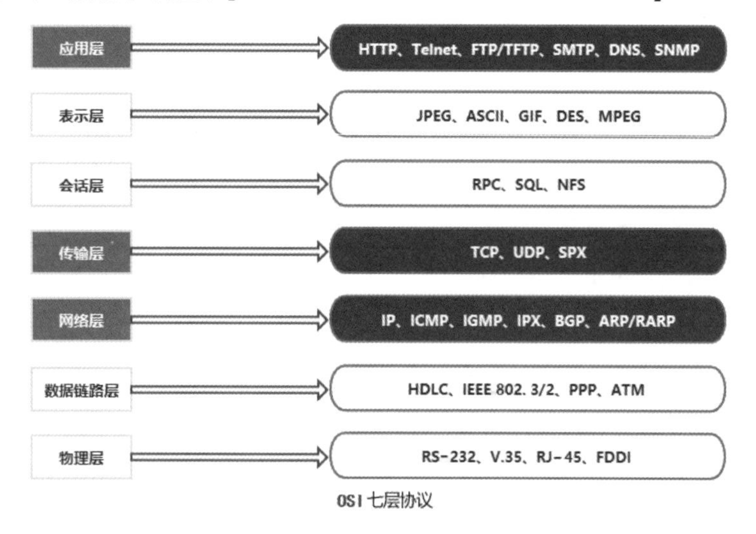

OSI 七层协议

2. TCP/UDP

（1）TCP/IP 协议是 Internet 的核心。

（2）TCP 是可靠的、面向连接的、全双工的数据传输协议；UDP 是一种不可靠的、无连接的协议。

（3）FTP（文件传输协议）、HTTP（超文本传输协议）、SMTP（简单邮件传输协议）、Telnet（远程登录协议）建立在 TCP **的基础之上**；TFTP（简单文件传输协议）、DHCP（动态主机配置协议）、DNS（域名服务器）建立在 UDP **的基础之上**。

（4）IEEE 802.11 是无线局域网 WLAN 标准协议，无线网络以无线电波为信息传输媒介。

（5）路由器、三层交换机在网络层。

3. TCP/IP 协议

（1）TCP/IP 的层次模型分为四层，其最高层相当于 OSI 的第 5 ~ 7 层，该层中包括了所有的高层协议。

（2）TCP/IP 的次高层相当于 OSI 的传输层，该层负责在源主机和目的主机之间提供端到端的数据传输服务。该层主要定义了两个协议：面向连接的传输控制协议 TCP 和无连接的用户数据报协议 UDP。

（3）TCP/IP 的第二层相当于 OSI 的网络层，该层负责将分组独立地从信源传送到信宿，主要解决路由选择、阻塞控制及网际互联问题。

（4）TCP/IP 的最底层为网络接口层，该层负责将 IP 分组封装成适合在物理网络上传输的帧格式并发送出去，或者将从物理网络上接收到的帧卸装并取出 IP 分组递交给高层。

4. IP 协议

网络就是根据IP地址实现信息传输的。IP地址分为IPv4和IPv6两个版本。IPv4由32位（即4字节）二进制数组成，将每字节作为一段并以**十进制数**来表示，IP 地址由网络标识和主机标识两部分组成。常用的 IP 地址有 A、B、C 三类，每类均规定了网络标识和主机标识在 32 位中所占的位置。

（1）A 类地址范围：0.0.0.0 ~ 127.255.255.255。

（2）B 类地址范围：128.0.0.0 ~ 191.255.255.255。

（3）C 类地址范围：192.0.0.0 ~ 223.255.255.255。

（4）D 类地址范围：224.0.0.0 ~ 239.255.255.255。

IPv6 **也被称作下一代互联网协议**，IPv6 **地址的** 128 位（16 字节）写成 8 个 16 **位的无符**

号整数，每个整数用 4 **个十六进制数**表示。

5. **网络分类**

（1）根据计算机网络所覆盖的地理范围进行分类，可分为局域网、城域网、广域网。

（2）根据链路传输控制技术进行分类，典型的网络链路传输控制技术有总线争用技术、令牌技术、FDDI 技术、ATM 技术、帧中继技术和 ISDN 技术。总线争用技术是以太网的标志。【2020・2021 上】

（3）根据网络拓扑结构进行分类，可分为**物理**拓扑、**逻辑**拓扑。

6. **网络交换**

（1）**物理层**交换（电话网）、**链路层**交换（二层交换，对 MAC 地址进行变更）、**网络层**交换（三层交换，对 IP 地址进行变更【2021 下】）、**传输层**交换（四层交换，对端口进行变更）、**应用层**交换（Web 网关）。

（2）网络中的数据交换：电路交换、分组交换（数据报、虚电路）、ATM 交换、全光交换、标记交换。Internet 用的是**数据报网络**，单位是**位**；ATM 用的是**虚电路网络**，单位是**码元**。

互联设备	工作层次	要　点
中继器	物理层	实现物理层协议转换，在电缆间转换二进制信号
网桥	数据链路层	实现物理层和数据链路层协议转换
路由器	网络层	实现网络层和以下各层协议转换
网关	高层（第 4 ~ 7 层）	提供从最底层到传输层或以上各层的协议转换
交换机	二层交换机（数据链路层）、三层交换机（网络层）、多层交换机（第 4 ~ 7 层）	

7. **网络存储技术**

（1）（**直连式存储**）**直接附加存储**（DAS）：也称 SAS，需要电缆等外界驱动。

（2）（**网络存储设备**）**网络附加存储**（NAS）：即插即用，主要通过 NFS、CIFS 访问；NAS 存储设备类似于一个专用的文件服务器，它去掉了通用服务器的大多数计算功能，仅提供文件系统功能。NAS 技术支持多种 TCP/TP 网络协议。

（3）**存储区域网络**（SAN）：通过专用交换机将磁盘阵列与服务器连接，最大的特点就是将存储设备从传统的以太网中分离出来。

8. **光网络 / 无线网络技术**

（1）光网络技术：光传输技术、光节点技术、光缆接入技术。

（2）无线网络以无线电波为信息传输媒介，既包括允许用户建立**远距离**无线连接的全球语音和数据网络，也包括为**近距离**无线连接进行优化的红外线技术及射频技术。

（3）无线通信网络根据应用领域可分为无线个域网（WPAN）、无线局域网（WLAN）、无线城域网（WMAN）、蜂窝移动通信网（WWAN）。【2021 下】

（4）从应用角度看，无线网络还可以划分出**无线传感器网络、无线** Mesh **网络、无线穿戴网络、无线体域网**等。

9. **网络接入技术**

（1）网络接入技术：包括光纤接入、**同轴接入、铜线接入、无线接入**，其中光纤是目前传输速率最高的传输介质。

（2）**混合光纤 / 同轴**（HFC）接入技术的一大优点是可以利用现有的 CATV 网络，从而降低网络接入成本。

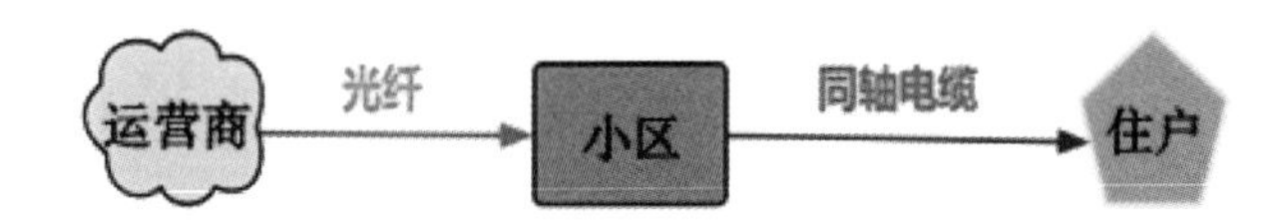

10. **网络安全**

（1）**完整性**：只有得到允许的人才能修改数据，并且能够判别出数据是否已被篡改。【2021 上·2021 下·2022 上】

（2）**可用性**：得到授权的实体在需要时可访问数据。【2020 上】

（3）**可审查性**：对出现的网络安全问题提供调查的依据和手段。

（4）**可控性**：可以控制授权范围内的信息流向及行为方式。

（5）**机密性**：确保信息不暴露给未被授权的实体或进程。（力杨记忆：高频考点，根据关键词理解记忆）

11. **网络信息安全产品**

分　类	要点：必考知识点
防火墙	通常被比喻为网络安全的大门，用来鉴别什么样的数据包可以进出企业内部网，预先定义的策略，是静态的【2020 上·2022 上】
扫描器	可以说是入侵检测的一种，主要用来**发现网络服务、网络设备和主机的漏洞**，通过定期的检测与比较，发现入侵或违规行为留下的痕迹。扫描器无法发现正在进行的入侵行为，而且它可能成为攻击者的工具【2021 上】

续表

分　类	要点：必考知识点
防毒软件	最为人所熟悉的安全工具，可以**检测、清除各种文件型病毒、宏病毒和邮件病毒**
安全审计系统	**独立地对网络行为和主机操作提供全面与忠实的记录**，方便用户分析与审查事故原因，很像飞机上的黑匣子【2021 下】

3.1.8 新兴信息技术

教材内容已在第 1 章讲解，此处不再赘述。

3.2 学霸演练

1. (　　)**通过定期的检测与比较，发现入侵或违规行为留下的痕迹。**

A. 防火墙　　B. 扫描器　　C. 防毒软件　　D. 安全审计系统

2. **下列关于软件需求的说法正确的是**(　　)。

A. 软件需求是针对已解决问题的特征的描述

B. 绝大部分软件需求可以被验证，验证手段包括评审和测试

C. 需求分析不可以检测和解决需求之间的冲突

D. 在资源有限时，可以通过优先级对需求进行权衡

3. **在 OSI 七层协议中，**(　　)**充当了翻译官的角色，确保一个数据对象能在网络中的计算机间以双方协商的格式进行准确的数据转换和加密与解密。**

A. 表示层　　B. 网络层　　C. 应用层　　D. 会话层

4. **会话层常见的协议不包括**(　　)。

A. RPC　　B. SQL　　C. NFS　　D. SMTP

5. **对 MAC 地址进行变更，属于网络交换的**(　　)。

A. 物理层交换　　B. 链路层交换　　C. 网络层交换　　D. 传输层交换

6. **从无线网络的应用角度看，不包括**(　　)。

A. 无线传感器网络　　B. 无线 Mesh 网络

C. 无线体域网　　D. 蜂窝移动通信网

7.（ ）**接入技术的一大优点是可以利用现有的 CATV 网络，从而降低网络接入成本**。

A. 光纤　B. 混合光纤 / 同轴　C. 铜线　D. 无线

8.（ ）**是一种分布式应用程序的处理方法**。

A. 数据库访问中间件　B. 远程过程调用中间件

C. 面向消息中间件　D. 分布式对象中间件

9.（ ）**表示软件系统可替换的、物理的组成部分，封装了模块功能的实现**。

A. 组件　B. 接口　C. 对象　D. 封装

参考答案：

1. B。力杨解析：扫描器可以说是**入侵检测的一种**，主要用来**发现网络服务、网络设备和主机的漏洞**，通过定期的检测与比较，发现入侵或违规行为留下的痕迹。扫描器无法发现正在进行的入侵行为，而且它可能成为攻击者的工具。

2. D。力杨解析：A 选项注意是“待解决”；B 选项注意是“所有软件需求”；C 选项注意是“可以检测”。

3. A。力杨解析：在表示层中，数据将按照网络能理解的方案进行格式化。表示层管理数据的解密加密、数据转换、格式化和文本压缩。

4. D。力杨解析：SMTP 属于应用层协议，是简单邮件传输协议。

5. B。力杨解析：**网络交换技术**：物理层交换（电话网）、链路层交换（对 MAC 地址进行变更）、网络层交换（对 IP 地址进行变更）、传输层交换（对端口进行变更）、应用层交换（Web 网关）。

6. D。力杨解析：**无线网络技术**：①根据**应用领域**划分为无线个域网（WPAN）、无线局域网（WLAN）、无线城域网（WPAN）、蜂窝移动通信网（WWAN）；②根据**应用角度**划分为无线传感器网络、无线 Mesh 网络、无线穿戴网络、无线体域网。

7. B。力杨解析：**混合光纤 / 同轴**（HFC）接入技术的一大优点是可以利用现有的 CATV 网络，从而降低网络接入成本。

8. B。力杨解析：**远程过程调用中间件**是一种分布式应用程序的处理方法。

9. A。力杨解析：组件表示软件系统可替换的、物理的组成部分，封装了模块功能的实现。**组件应当是内聚的**，并具有相对稳定的公开接口。

第 4 章　项目管理的一般知识

4.1 学霸知识点

考情分析	选择题	案例题
	4 ~ 5分	熟悉
力杨引言	引言：本章为项目管理基础知识，教材共5节内容，需对项目特点、项目生命周期、项目管理过程等重点掌握。学习建议：是十大管理的基础，因此要理解记忆，打好基础。	

4.1.1 项目及项目管理

1. 项目的概念及特点

（1）**项目的概念：**项目是为达到特定的目的，使用一定资源，在确定的时间内，为特定发起人提供独特的产品、服务或成果而进行的一系列相互关联的活动的集合。【2021上】

（2）**项目的特点**。

①**临时性（一次性）**：有明确的**开始日期、结束日期**，临时性并不一定意味着项目历时短，项目历时依项目的需要而定，可长可短。【2021下·2022上】

②**独特性**：独特的产品、服务和成果，"没有完全一样的项目"。

③**渐进明细（逐步完善）**：在项目逐渐明细的过程中一定会有修改，产生相应的变更。

2. 项目的目标

（1）项目的目标包括约束性目标和成果性目标。项目的约束性目标也叫管理性目标，项目的成果性目标有时也简称为项目目标。项目成果性目标是指通过项目开发出的满足客户要求的产品、系统、服务或成果。**项目的目标特性：**多目标性、优先性、层次性。

（2）项目的目标要求遵守SMART原则。【2022上】

① 具体的：specific。

② 可以测量的：measurable。

③ 可以达到的：attainable。

④ 有相关性的：relevant。

⑤ 有明确时限的：time - bound。

扫一扫，看视频

3. 项目经理的五大要求

（1）足够的**知识**。

（2）丰富的项目**管理经验**。

（3）良好的协调和沟通**能力**。

（4）良好的**职业道德**。

（5）一定的**领导**和**管理能力**。（力杨记忆：注意，对是否必须具备技术能力没有要求）【2020・2021上・2022上】

4. 事业环境因素 / 组织过程资产

（1）**事业环境因素**：在项目启动时，必须考虑涉及并影响项目成功的环境、组织的因素和系统。这些因素和系统可能促进项目也可能阻碍项目。

（2）**组织过程资产**：项目实施组织的企业计划、政策方针、规程、指南和管理系统，**实施项目组织的知识和经验教训**。

事业环境因素	组织过程资产
● 实施单位的企业文化和组织结构 ● 国家标准或行业标准 ● 现有的设施和固定资产等 ● 实施单位现有的人力资源 ● 人员的专业和技能 ● 人力资源管理政策，如招聘和解聘的指导方针 ● 员工绩效评估和培训记录等 ● 当时的市场状况 ● 项目干系人对风险的承受能力 ● 行业风险数据库 ● 项目信息管理系统（PMIS）	● 组织的标准过程 ● 标准指导方针、模板、工作指南、建议评估标准、风险模板和性能测量准则 ● 组织的沟通要求、汇报制度 ● 项目审计、项目评估、产品确认和验收标准指南 ● 财务控制**程序**、问题和缺陷管理**程序**、问题和缺陷的识别和解决、问题追踪、变更控制流程、风险控制程序、批准与发布工作授权的程序 ● 项目档案 ● 过程测量**数据库**、问题和缺陷管理**数据库**、配置管理知识库、财务数据库

5. 项目经理的软技能内容

（1）**有效的沟通**：信息交流。

（2）**影响一个组织**："让事情办成"的能力。

（3）**领导能力**：形成一个前景和战略并组织人员达到它。

（4）**激励**：激励人员达到高水平的生产率并克服变革的阻力。

（5）**谈判和冲突管理**：与其他人谈判或达成协议。

（6）**问题解决**：问题定义和作出决策的结合。

4.1.2 项目的组织方式

1. 项目组织结构

项目组织结构分为职能型组织、**矩阵型组织**（弱矩阵型 + 平衡矩阵型 + 强矩阵型）、**项目型组织**。（力杨记忆：必考题，平衡矩阵是分水岭，然后依次看两边）【2021 下】

项目特点	组织类型				
	职能型组织	矩阵型组织			项目型组织
		弱矩阵型	平衡矩阵型	强矩阵型	
项目经理权力	**很小和没有**	有限	小至中等	中等至大	**大至全权**
组织中全职参与项目工作的职员比例	0	0~25%	15%~60%	50%~95%	85%~100%
项目经理的职位	**部分时间**	**部分时间**	全时	全时	全时
项目经理的一般头衔	项目协调员 / 项目主管	项目协调员 / 项目主管	项目经理 / 项目主任	项目经理 / 计划经理	项目经理 / 计划经理
项目管理人员	**部分时间**	**部分时间**	**部分时间**	全时	全时

2. 职能型组织

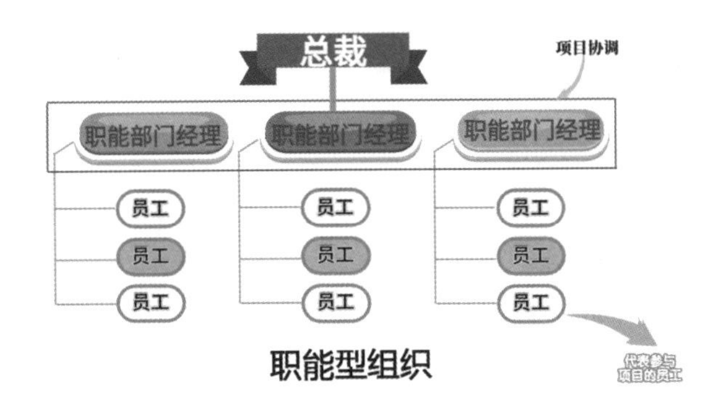

职能型组织

（1）职能型组织的**优点**。

① 有专门的技术支撑部门，便于知识、技能和经验的交流。

② **员工稳定**，职业生涯晋升道路清晰。

③ **管理灵活**、**直线沟通**、交流简单，责任和权限很清晰。

④ 有利于公司项目发展与管理的连续性。

（2）职能型组织的**缺点**。

① 项目管理没有正式的权威性。

② 项目团队中的成员不易产生事业感与成就感。

③ 项目的发展空间容易受到限制。

④ 部门间沟通壁垒大，各自为政。

⑤ 项目经理权限极小或缺少权力和权限。

3. 矩阵型组织

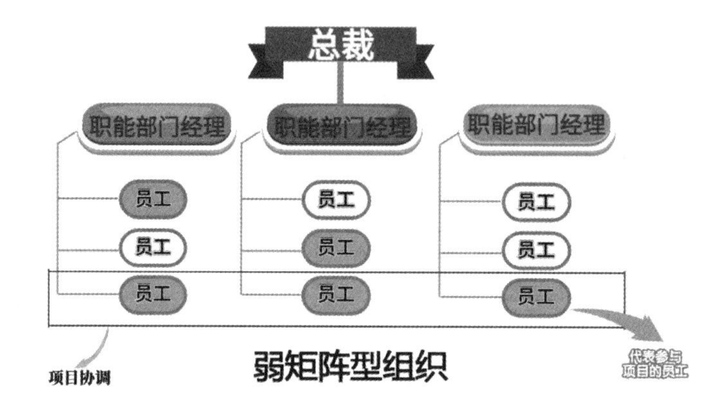

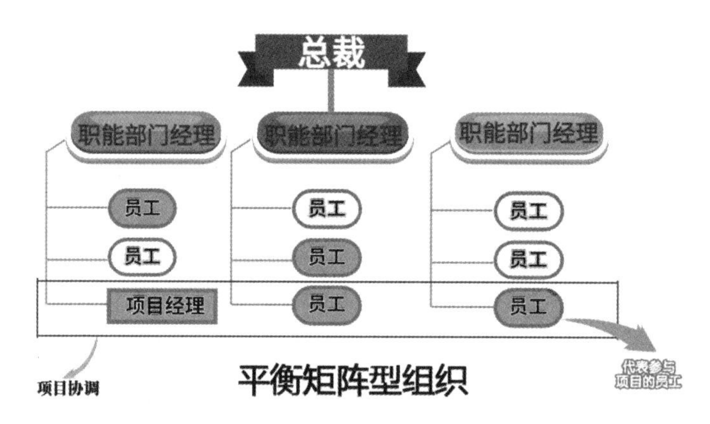

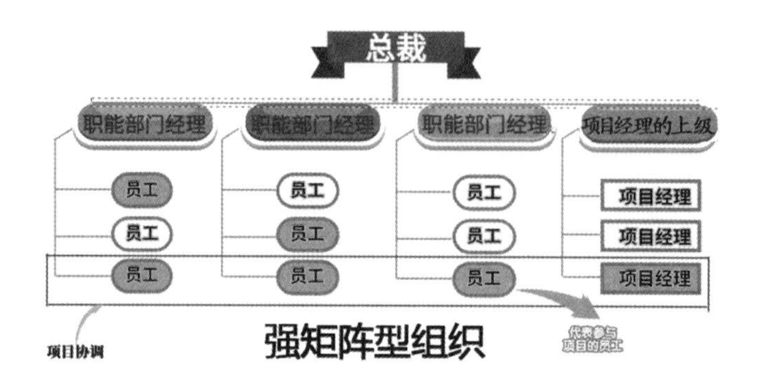

4. **项目型组织**【2021 上】

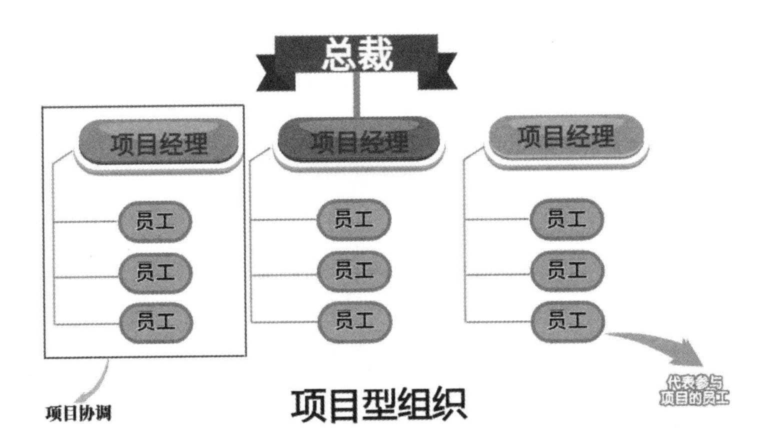

项目型组织

(1)项目型组织的**优点**。

① 目标明确，权责分明，便于**统一指挥**。

② 阶段性有清晰的目标。

③ 内部沟通方便，决策迅速，便于快速执行。

④ 项目经理权限大，利于项目控制和推进。

(2)项目型组织的**缺点**。

① 管理成本高。

② 项目环境封闭，业务单一，不利于知识共享。

③ 员工缺乏事业上的连续性。

④ 组织存在不稳定性，随时都有解散的风险。

5. 复合型组织

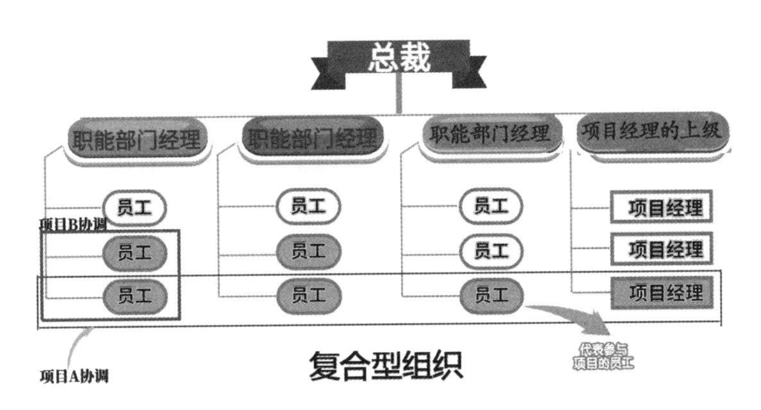

复合型组织

【课堂演练】

下图属于项目组织结构的（　　）。

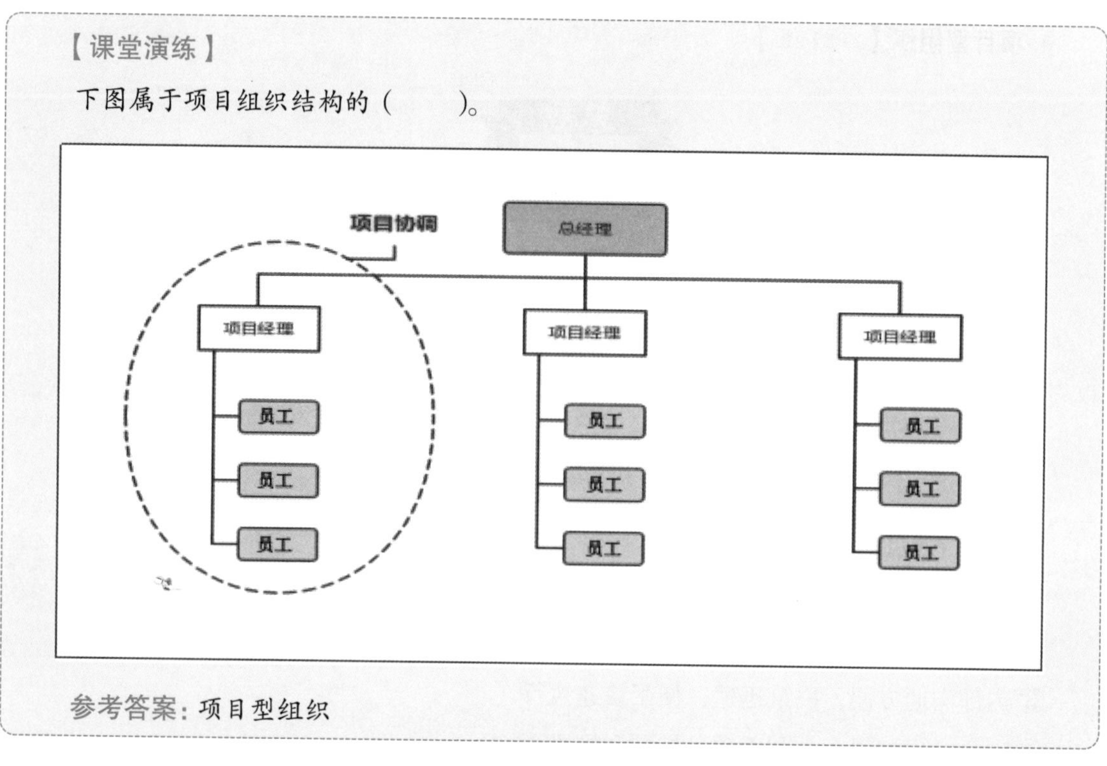

参考答案：项目型组织

【课堂演练】

某公司的组织结构如下图所示，该公司采取的是（　　）组织结构。

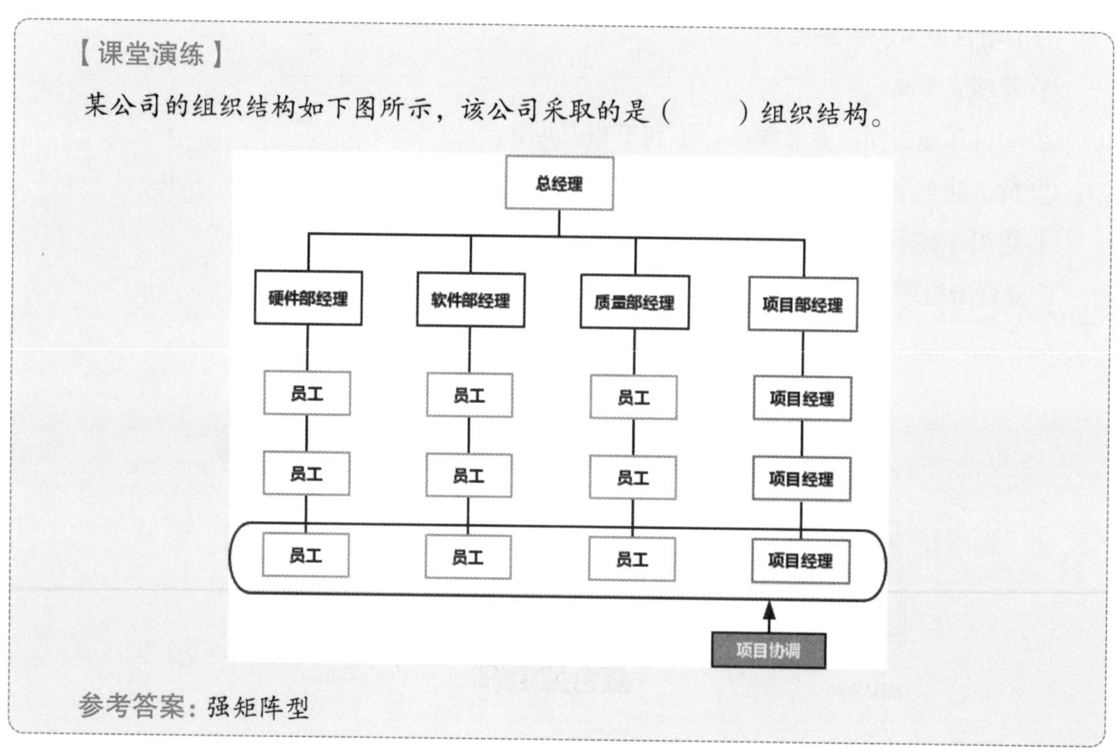

参考答案：强矩阵型

6. 项目管理办公室

（1）项目管理办公室（PMO）是在所辖范围内集中、协调地管理项目的组织内的机构。PMO也被称为**“项目办公室”“大型项目管理办公室”**或**“大型项目办公室”**，根据需要，可以为一个项目设立一个PMO，也可以为一个部门设立一个PMO，还可以为一个企业设立一个PMO。这三级PMO在一个组织内可以同时存在。【2020上】

（2）PMO职责的主要内容。

① 在所有PMO管理的项目之间共享和协调资源。

② 明确和制定项目管理方法、最佳实践和标准。

③ 负责制定项目方针、流程、模板和其他共享资料。

④ 为所有项目进行集中的配置管理。

⑤ 对所有项目的集中的共同风险和独特风险存储库加以管理。

⑥ PMO是项目工具（如企业级项目管理软件）的实施和管理中心。

⑦ PMO是项目之间的沟通管理协调中心。

⑧ 对项目经理进行指导。

⑨ 通常对所有PMO管理的项目的时间基线和预算进行集中监控。

⑩ 在项目经理和任何内部或外部的质量人员或标准化组织之间协调整体项目的质量标准。（力杨记忆：凸显管理指导“总”的特点）

（3）PMO分类。【2022上】

① 支持**型**：担当顾问的角色，为项目提供模板、最佳实践、培训，以及来自其他项目的信息和经验教训。

② 控制**型**：不仅为项目提供支持，而且通过各种手段要求项目服从PMO的管理策略，对项目的控制程度属于中等。

③ 指令**型**：直接管理和控制项目，对项目的控制程度很高。

7. 项目经理和PMO的区别

（1）项目经理和PMO追求不同的目标，同样，受不同的需求所驱使，所有工作必须在组织战略要求下进行调整。

（2）**项目经理**负责在项目约束条件下完成特定的项目成果性目标，而PMO是具有特殊授权的组织机构，其工作目标包含组织级的观点。

（3）**项目经理**关注特定的项目目标，而 PMO 管理重要的大型项目范围的变化，以更好地实现经营目标。

（4）**项目经理**控制赋予项目的资源以最好地实现项目目标，而 PMO 对所有项目之间的共享组织资源进行优化使用。

（5）**项目经理**管理中间产品的范围、进度、费用和质量，而 PMO 管理整体的风险、整体的机会和所有的项目依赖关系。（力杨记忆：注意对比）

4.1.3 项目生命周期

项目生命周期的特征如下：

（1）**成本与人力投入**在开始时较低，在**工作执行期间达到最高**，并**在项目快要结束时迅速回落**。

（2）**风险与不确定性**在项目开始时最大，并在项目的整个生命周期中随着决策的制定与可交付成果的验收而逐步降低。

（3）**项目干系人对项目最终产品特征和项目最终费用的控制能力**在初始阶段最高，随着项目的继续开展逐渐变低。【2021 下】

（4）变更的代价在项目开始时较低，随着项目的进行越来越高。

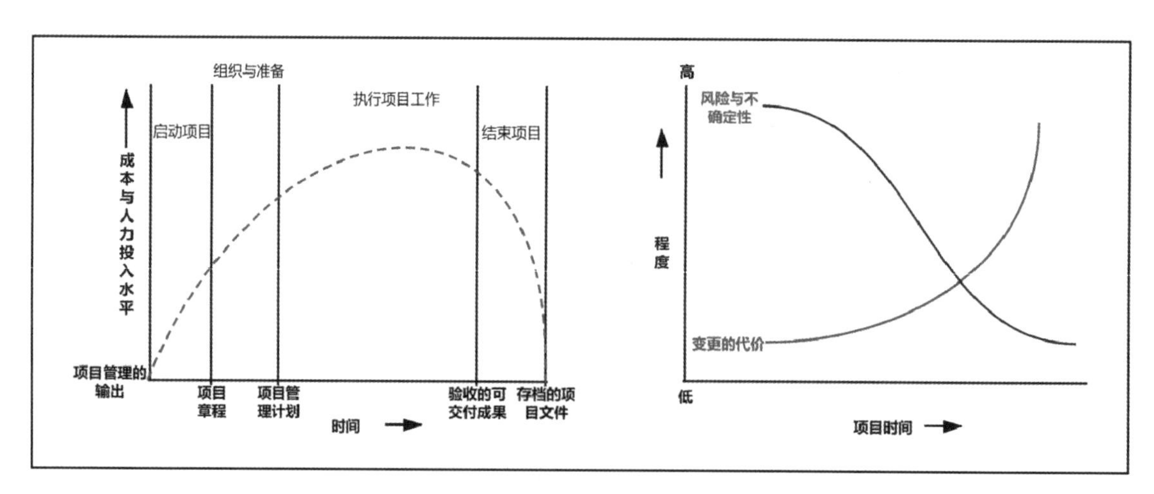

4.1.4 典型信息系统的项目生命周期模型

扫一扫，看视频

1. 生命周期模型

周期模型	要　点
瀑布模型	项目需求明确、充分了解拟交付的产品、有厚实的行业实践基础或者整批一次性交付产品有利于干系人，侧重于开发过程，实际是一种 F－S 模型
螺旋模型	螺旋线代表随着时间推进的工作进展，开发过程具有周期性重复的螺旋线状。螺旋模型强调了风险分析，特别适用于庞大而复杂的、高风险的系统
迭代模型	组织需要管理不断变化的目标和范围（需求不明），组织需要降低项目的复杂性，或者产品的部分交付有利于一个或多个干系人，且不会影响最终或整批可交付成果的交付。大型复杂项目通常采用迭代方式来实施
V 模型	适用于需求明确和需求变更不频繁的情形，侧重于测试过程
敏捷模型	一种以人为核心的，迭代、循序渐进的开发模型，适用于一开始并没有或不能完整地确定出需求和范围的项目，或者要应对快速变化的环境，或者需求和范围难以事先确定，或者能够以有利于干系人的方式定义较小的增量改进
原型化模型	对用户的需求是动态响应、逐步纳入的

2. 瀑布模型

瀑布模型是一个经典的软件生命周期模型，一般分为可行性分析（计划）、需求分析、软件设计（概要设计、详细设计）、编码（含单元测试）、测试、运行和维护等阶段。

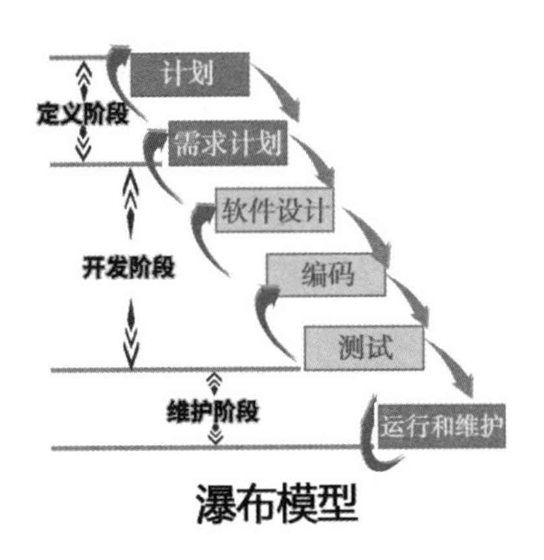

瀑布模型

3. 螺旋模型

螺旋模型的四个象限分别代表制订计划、分析风险、实施工程、评估客户。

4. **迭代模型**

迭代模型包含**初始**、**细化**、**构建**（**构造**）、**交付**（**移交**）4个阶段。

（1）**初始阶段**：系统地阐述项目的范围，确定项目的边界，选择可行的系统架构，计划和准备商业文件。

（2）**细化阶段**：分析问题领域，建立健全体系结构并选择构件，编制项目计划，淘汰项目中风险最高的元素。

（3）**构建阶段**：完成构件的开发和测试，把完成的构件集成为产品，测试产品所有的功能。

（4）**交付阶段**：将软件产品交付给用户群体。

5. **V模型**

（1）V**模型包含需求分析**（**验收测试**）、**概要设计**（**系统测试**）、**详细设计**（**集成测试**）、编码（单元测试）4个阶段。

（2）V模型的特点：V模型体现的主要思想是开发和测试同等重要，下图左侧代表的是开发活动，右侧代表的是测试活动。<u>V模型针对每个开发阶段，都有一个测试级别与之相对应</u>。测试仍然是开发生命周期中的阶段，与瀑布模型不同的是，有多个测试级别与开发阶段相对应。

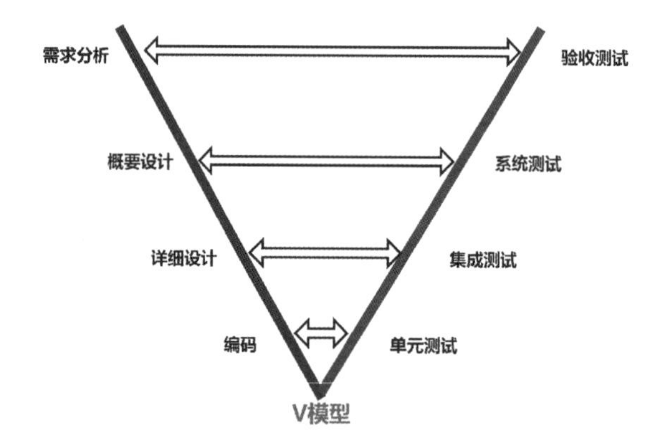

【课堂演练】

某集成公司需要承接一个互联网企业的信息化项目，但由于技术革新和新产品迭代，在项目初期无法准确确定项目需求，需要和客户沟通并逐步确定，作为项目经理，你首先考虑的最佳开发模型是什么？

参考答案：原型化模型

4.1.5 单个的项目管理过程

1. 项目管理过程

（1）技术类**过程（或称工程类过程）**：信息系统项目的技术过程有**需求分析、总体设计、编码、测试、布线、组网**等。

（2）管理类**过程**：按出现时间的先后划分，管理类过程可以被分为启动、计划、执行、监控和收尾5个过程组。

（3）支持类**过程**：配置管理过程属于支持类过程。

（4）改进类**过程**：总结经验教训、部署改进等。

2. 戴明循环

扫一扫，看视频

戴明（PDCA）循环：plan计划→do执行→check检查→act行动。

（1）项目管理各过程组成的5个过程组可以对应到PDCA循环。

（2）**计划过程组**与“计划→执行→检查→行动”循环中的“计划”对应。

（3）**执行过程组**与“计划→执行→检查→行动”循环中的“执行”对应。

（4）**监控过程组**与“计划→执行→检查→行动”循环中的“检查”和“行动”对应。

（5）**启动过程组**是这些循环的开始。

（6）**收尾过程组**是这些循环的结束。

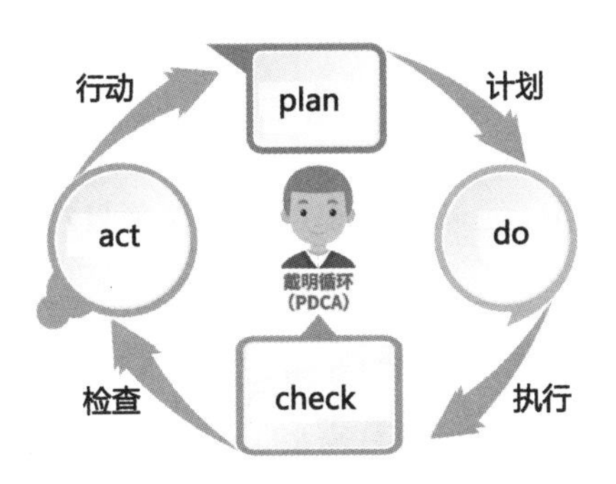

3. 项目管理过程组

任何一个项目所必需的5个项目管理过程组之间的依赖关系很清楚，对于每一个项目都是按照同样的顺序进行的。

（1）启动过程组定义并批准项目或项目阶段，包括“制定项目章程”和“识别项目干系人”两个过程。

（2）**计划过程组**定义和细化目标。

（3）**执行过程组**整合人员和其他资源。对大多数行业的项目来讲，执行过程组会花掉多半的项目预算。【2020 上】

（4）**监控过程组**要求定期测量和监控项目绩效执行情况，识别与项目管理计划的偏差，以便在必要时采取纠正措施，确保项目目标达成。

（5）**收尾过程组**正式验收产品、服务或工作成果，有序地结束项目阶段，包括整体管理“结束项目阶段”、采购管理“结束采购”。

4.2 学 霸 演 练

1. **以下关于项目的说法错误的是（　　）。**

A. 项目有完整的生命周期，有始有终

B. 项目目标包括成果性目标和约束性目标

C. 临时性决定了项目的历时是短期的

D. 在项目逐渐明细的过程中一定会有修改并产生相应的变更

2. **迭代模型中，（　　）是完成构件的开发和测试，把完成的构件集成为产品，测试产品所有的功能。**

A. 初始阶段　　B. 细化阶段　　C. 构建阶段　　D. 交付阶段

3. **大型复杂项目通常是采用（　　）来实施，这使项目在具体过程中综合考虑反馈意见和经验教训，从而降低项目风险。**

A. 瀑布模型　　B. 迭代模型　　C. 螺旋模型　　D. 敏捷模型

4. **某项目需求和范围事先难以确定，且需要应对快速变化的环境，作为项目经理，你应采取（　　）进行开发。**

A. 瀑布模型　　B. 迭代模型

C. 螺旋模型　　D. 敏捷模型

5. **以下（　　）不属于事业环境因素。**

A. 实施单位的企业文化和组织结构　　B. 项目干系人对风险的承受力

C. 项目信息管理系统　　D. 配置管理知识库

6. **以下（　　）不属于组织过程资产。**

A. 风险控制程序　　B. 过程测量数据库

C. 项目档案　　D. 现有的设施和固定资产

7. **以下属于 PMO 职责的是（　　）。**

A. 负责在项目约束条件下完成特定的项目成果性目标

B. 关注于特定的项目目标

C. 控制赋予项目的资源以最好地实现项目目标

D. 管理整体的风险、整体的机会和所有的项目依赖关系

8. **关于项目生命周期的说法错误的是（　　）。**

A. 成本与人力投入在开始时较低，在工作执行期间达到最高，并在项目快要结束时迅速回落

B. 风险与不确定性在项目开始时最大，并在项目的整个生命周期中随着决策的制定与可交付成果的验收而逐渐变低

C. 项目干系人对项目最终产品特征和项目最终费用能力在初始阶段最低，随着项目的继续开展逐渐变高

D. 项目生命周期的描述文件可以是概要的，也可以是详细的

9. **一般来说，一个项目至少要包含四个过程，其中配置管理过程属于（　　）。**

A. 工程类过程　　B. 管理类过程

C. 支持类过程　　D. 改进类过程

10. **现代项目管理过程中，一般会将项目的进度、成本、质量和范围作为项目管理的目标，这体现了项目管理的（　　）特点。**

A. 多目标性　　B. 层次性　　C. 系统性　　D. 优先性

11. **戴明（PDCA）循环的“A”是指（　　）。**

A. 检查　　B. 行动　　C. 执行　　D. 计划

12. **执行过程组是（　　）。**

A. 定义并批准项目或项目阶段　　B. 定义和细化目标

C. 整合人员和其他资源　　D. 识别与项目管理计划的偏差

13.（　　）**强调了风险分析，特别适用于庞大而复杂的、高风险的系统。**

A. 瀑布模型　　B. 迭代模型

C. 螺旋模型　　D. 原型化模型

参考答案：

1. C。力杨解析：临时性并不一定意味着项目历时短，项目历时依项目的需要而定，可长可短。

2. C。力杨解析：注意关键词概念。

3. B。力杨解析：大型复杂项目通常采用迭代模型。

4. D。力杨解析：敏捷模型是一种以人为核心的，迭代、循序渐进的开发模型，适用于一开始并没有或不能完整地确定出需求和范围的项目，或者要应对快速变化的环境，或者**需求和范围难以事先确定**，或者能够以有利于干系人的方式定义较小的增量改进。

5. D。力杨解析：配置管理知识库属于组织过程资产。

6. D。力杨解析：现有的设施和固定资产属于事业环境因素。

7. D。力杨解析：考查项目经理职责与 PMO 职责的区别。

8. C。力杨解析：**项目干系人对项目最终产品特征和项目最终费用能力**在初始阶段最高，随着项目的继续开展逐渐变低。

9. C。力杨解析：配置管理过程属于**支持类**过程。

10. A。力杨解析：考查项目的四大约束目标。

11. B。力杨解析：**戴明（PDCA）循环：**plan 计划→ do 执行→ check 检查→ act 行动。

12. C。力杨解析：执行过程组就是整合人员和其他资源。

13. C。力杨解析：螺旋模型强调了风险分析，特别适用于庞大而复杂的、高风险的系统。

第 5 章　项目立项管理

扫一扫，看视频

第 5 章 项目立项管理

- **考情分析**
  - 考试题型：选择题、案例题、计算题（归一化）
  - 考试分值：4~5分
  - 考情概要：90%为教材概念原话，尤其数字日期，个别为情景理解题
  - 力杨记忆
    - 熟悉概念：关键词、排除法、对比记忆
    - 必须掌握：学懂弄通、重点强化、理解记忆
- **考点大纲**
  - 5.1.1 项目建议
    - **项目建议书概念（小项目非必需）**
    - 项目建议书内容
  - 5.1.2 项目可行性研究
    - **可行性研究的7条内容**
    - 可行性研究报告内容（与建议书区分）
    - **项目可行性研究的5个阶段**
  - 5.1.3 项目审批
    - 项目审批
  - 5.1.4 项目招投标
    - **项目招标**
    - **项目投标**
    - **项目开标与评标**
    - **选定项目承建方**
  - 5.1.5 项目合同谈判与签订
    - 合同谈判（先技术，后商务）
    - 签订合同
  - 5.1.6 供应商项目立项
    - **供应商内部立项的3大原因**
    - **供应商内部立项的4项内容**

5.1 学霸知识点

考情分析	选择题	案例题
	4 ~ 5分	熟悉
力杨引言	引言：本章为项目立项管理，教材共6节内容，需对项目建议书、可行性研究、招投标、立项管理等重点掌握。学习建议：与合同管理、采购管理结合可能涉及案例分析。	

5.1.1 项目建议

1. 项目立项管理的内容

项目立项管理一般包括项目建议书、项目可行性研究、项目审批、项目招投标、项目合同谈判与签订5个阶段。（力杨记忆：项目建设单位可以规定对于规模较小的系统集成项目省略项目建议书阶段，而将其与项目可行性分析阶段进行合并）【2020上·2021下】

2. 项目建议书

项目建议书是项目建设单位向**上级主管部门**提交的项目申请文件，是对拟建项目提出的总体设想。【2022上】

（1）项目建议书是项目发展周期的初始阶段，是国家或上级主管部门选择项目的依据，也是可行性研究的依据。

（2）项目建设单位组织编制项目建议书，在编制项目建议书阶段应**专门组织项目需求分析**，形成需求分析报告，报送**项目审批部门组织，请专家提出意见**，作为编制项目建议书的参考。

（3）项目建设单位完成项目建议书编制工作之后，报送项目审批部门。项目审批部门再征求相关部门意见，并委托有资格的咨询机构评估后审核批复，或报国务院审批后下达批复。【2022上】

5.1.2 项目可行性研究

扫一扫，看视频

1. 项目可行性研究的内容

项目可行性研究包括投资必要性、技术可行性、财务可行性、组织可行性、经济可行性、社会可行性、风险因素和决策等内容。【2020下·2021上·2021

下·2022 上】

2. 项目可行性研究的阶段

项目可行性研究包括机会可行性研究、初步可行性研究、详细可行性研究、项目可行性报告的**编写**提交和获得批准、项目评估等阶段。

3. 机会可行性研究

机会可行性研究的**主要任务**是对投资项目或投资方向提出建议，并对各种设想的项目和投资机会做出鉴定，其目的是激发投资者的兴趣，寻找最佳的投资机会。【2021 上·2021 下】

4. 初步可行性研究

（1）初步可行性研究是在项目意向确定后，对项目的初步估计。如果就投资可能性进行了项目机会可行性研究，那么项目的初步可行性研究阶段往往可以省去。【2021 下】

（2）**初步可行性研究可能出现 4 种结果**。【2022 上】

① **肯定**，对于比较小的项目甚至可以**直接“上马”**。

② **肯定**，转入详细可行性研究，**进行更深入、更详细的分析研究**。

③ 展开专题研究，如建立原型系统，演示主要功能模块或者验证关键技术。

④ **否定**，项目应该**“下马”**。

5. 详细可行性研究

（1）详细可行性研究是在初步可行性研究的基础上认为项目基本可行，对项目各方面的详细材料进行全面的收集和分析，对不同的项目实现方案进行**综合评判**，并对项目建成后的绩效进行科学的预测，为项目立项决策提供确切的依据。

（2）详细可行性研究需要对一个项目的技术、经济、环境及社会影响等进行深入调查研究，是一项**费时**、**费力**且**需一定资金支持**的工作，特别是大型的或比较庞杂的项目更是如此。【2020 上·2021 下】

6. 项目可行性研究报告的编写、提交和获得批准

（1）项目通过项目建议书批准环节后，项目建设单位应依据项目建议书批复意见，通过招标选定**或**委托具有相关专业资质的工程咨询机构编制**项目可行性研究报告**，报送项目审批部门。

（2）项目审批部门委托有资格的咨询机构评估后审核批复，**或**报国务院审批后下达批复。

7. 项目评估

（1）项目评估是在项目可行性研究的基础上，由第三方（行政主管部门、银行或有关机构）进行评估。

（2）项目评估是项目投资前期进行决策管理的重要环节，其目的是审查项目可行性研究的可靠性、真实性和客观性，为银行的贷款决策或行政主管部门的审批决策提供科学依据。【2021 下】

8. **项目建议书和项目可行性研究报告的区别**【2020 下・2021 上・2021 下】

项目建议书	项目可行性研究报告
项目简介	项目概述
项目建设单位概括	项目建设单位概括
项目建设的必要性	项目建设的必要性
业务分析	**需求分析**
总体建设方案	总体建设方案
本期项目建设方案	本期项目建设方案
环保、消防、职业安全	环保、消防、职业安全
项目实施进度	项目实施进度
投资估算和**资金筹措**	投资估算和**资金来源**
效益和**风险分析**	效益与**评价指标分析**
	项目风险与风险管理
	项目招标方案
	项目组织机构和人员培训

5.1.3 项目审批

（1）项目审批部门对系统集成项目的**项目建议书**、**可行性研究报告**、**初步设计方案**和**投资概算的批复文件**是**后续项目建设的主要依据**。

（2）项目可行性研究报告的编制内容与项目建议书批复内容有重大变更的，**应**重新报批项目建议书。项目初步设计方案和投资概算报告的编制内容与项目可行性研究报告批复内容**有重大变更或变更投资超出已批复投资额度的 10% 的**，**应**重新报批可行性研究报告。

（3）项目初步设计方案和投资概算报告的编制内容与项目可行性研究报告批复内容**有少量调整且其调整内容未超出已批复总投资额度的 10% 的**，需在提交项目初步设计方案和投资概算报告时以独立章节对调整部分进行补充说明。

5.1.4 项目招投标

1. **项目招标**

（1）**公开招标**：招标人以招标公告的方式邀请不特定的法人或者其他组织投标。

（2）**邀请招标**：招标人以投标邀请书的方式**邀请**特定的法人或者其他组织投标。

2. 项目招标要求

（1）国有资金占控股或者主导地位的**依法必须进行招标的项目**，应当公开招标。

（2）**有下列情形之一的，可以**邀请招标。

① 技术复杂、有特殊要求或者受自然环境限制，只有少量潜在投标人可供选择。

② 采用公开招标方式的费用占项目合同金额的比例过大。

（3）**有下列情形之一的，可以**不进行招标。

① 需要采用不可替代的专利或者专有技术。

② 采购人依法能够自行建设、生产或者提供。

③ 已通过招标方式选定的特许经营项目投资人依法能够自行建设、生产或者提供。

④ 需要向原中标人采购工程、货物或者服务，否则将影响施工或者功能配套要求。

⑤ 国家规定的其他特殊情形。

（4）资格预审文件或者招标文件的发售期不得少于5日。【2021下】

（5）通过资格预审的申请人少于3个的，应当重新招标。

（6）招标人在招标文件中要求投标人提交投标保证金的，**投标保证金**不得超过招标项目估算价的2%。投标保证金有效期应当与投标有效期一致。【2021下】

（7）招标人可以自行决定是否编制标底，一个招标项目**只能有一个标底，标底必须保密**。【2021下】

（8）招标人不得规定最低投标限价。

（9）招标人不得组织单个或者部分潜在投标人踏勘项目现场。

（10）依法必须进行招标的项目，招标人应当自收到评标报告之日起3日内公示中标候选人，公示期不得少于3日。

（11）投标人或者其他利害关系人对依法必须进行招标的项目的评标结果有异议的，应当在中标候选人公示期间提出。招标人应当自收到异议之日起3日内做出答复；做出答复前，应当暂停招标投标活动。

3. 招标代理

（1）招标人**有权自行选择**招标代理机构，委托其办理招标事宜。

（2）任何单位和个人不得以任何方式为招标人指定招标代理机构。

4. 项目投标

（1）禁止投标人相互串通投标。

有下列情形之一的，属于投标人相互串通投标	有下列情形之一的，视为投标人相互串通投标
投标人之间协商投标报价等投标文件的实质性内容	不同投标人的投标文件由同一单位或者个人编制
投标人之间约定中标人	不同投标人委托同一单位或者个人办理投标事宜
投标人之间约定部分投标人放弃投标或者中标	不同投标人的投标文件载明的项目管理成员为同一人
属于同一集团、协会、商会等组织成员的投标人按照该组织要求协同投标	不同投标人的投标文件异常一致或者投标报价呈规律性差异
投标人之间为谋取中标或排斥特定投标人而采取的其他联合活动	不同投标人的投标文件相互混装
	不同投标人的投标保证金从同一单位或者个人的账户转出

（2）禁止招标人与投标人相互串通投标。

有下列情形之一的，属于招标人与投标人串通投标	
招标人在开标前开启投标文件并将有关信息泄露给其他投标人	招标人授意投标人撤换、修改投标文件
招标人直接或者间接向投标人泄露标底、评标委员会成员等信息	招标人明示或者暗示投标人为特定投标人中标提供方便
招标人明示或者暗示投标人压低或者抬高投标报价	招标人与投标人为谋求特定投标人中标而采取的其他串通行为

（3）递交标书：按照投标文件规定的地点、在规定的时间内送达标书。

（4）**错过投递时间，招标人应当拒收**。

（5）如果以邮寄方式送达的，投标人必须留出邮寄时间，保证投标文件在截止日前送达指定的地点，而不是“以邮戳为准”，错过投递时间，原封退回。

（6）标书签收：招标人收到标书后应当签收，不得开启。

5. 项目开标与评标

（1）评标委员会由具有高级职称或同等专业水平的技术、经济等相关领域专家、招标人和招标机构代表等5人以上单数组成，其中**经济、技术等方面的专家人数**不得少于成员总数的2/3。【2020下】

（2）评标委员会完成评标后，应当向招标人提出书面评标报告，并推荐合格的中标候选人。

（3）招标人根据评标委员会提出的书面评标报告和推荐的中标候选人确定中标人。招标人也可以授权评标委员会直接确定中标人。

（4）采用竞争性谈判采购方式的，竞争性谈判小组或者询价小组由采购人代表和评审专家共3人以上单数组成，其中评审专家人数不得少于竞争性谈判小组或者询价小组成员总数的2/3。评标完成后，评标委员会应当向招标人提交书面评标报告和中标候选人名单。**中标候选人应当**不超过3个，**并标明排序**。【2021下】

（5）评标报告应当由评标委员会全体成员签字。对评标结果有不同意见的评标委员会成员应当以书面形式说明其不同意见和理由，评标报告应当注明该不同意见。评标委员会成员拒绝在评标报告上签字又不书面说明其不同意见和理由的，视为**同意**评标结果。

6. 项目中标

（1）中标人确定后，招标人应当向中标人发出中标通知书，并同时将中标结果通知所有未中标的投标人。中标通知书对招标人和中标人具有法律效力。

（2）招标人最迟应当在书面合同签订后5日内向中标人和未中标的投标人退还投标保证金及银行同期存款利息。

（3）招标文件要求中标人提交**履约保证金**的，中标人应当按照招标文件的要求提交履约保证金，履约保证金不得超过中标合同金额的10%。【2021上】

（4）中标人不得向他人转让中标项目，也不得将中标项目肢解后分别向他人转让。

（5）中标人按照合同约定或者经招标人同意，可以将中标项目的部分非主体、非关键性工作分包给他人完成。接受分包的人应当具备相应的资格条件，并不得再次分包。

（6）中标人应当就分包项目向招标人负责，接受分包的人就分包项目承担连带责任。

【课堂演练】

某公司中标一个大型项目，中标金额为1000万元，该项目招标根据2019年修订的《中华人民共和国招标投标法实施条例》，招标文件要求中标人提交履约保证金的，履约保证金最高为（　　）万元。

参考答案：100

5.1.5　项目合同谈判与签订

（1）在确定中标人后，即进入合同谈判阶段。合同谈判的方法一般是先谈技术条款，后谈商务条款。

（2）合同的条款一般应包括当事人的名称和地址、标的、数量、质量、价款和报酬、履行期限及地点和方式、违约责任和解决争议的方法等。

（3）如果**中标人不同意**按照招标文件规定的条件或条款按时进行签约，招标方有权宣布该标作废而与第二最低评估价投标人进行签约（或与综合得分第二高的投标人签约）。

（4）如果所有投标人都没有能够按照招标文件的规定和条件进行签约，或者所有投标人的投标价都超出本合同标的预算，则可以在**请示有关管理部门**之后宣布本次招标无效，而重新组织招标。【2022 上】

5.1.6 供应商项目立项

系统集成供应商进行项目内部立项：

（1）当客户与系统集成供应商签署了合同之后，客户和系统集成供应商各自所应履行的责任和义务就以合同的形式确定下来，并接受法律保护。这也就意味着系统集成供应商所应承担的合同责任发生了转移，由组织转移到了项目组。正因为存在这种责任转移的情形，许多系统集成供应商采用内部立项制度对这种责任转移加以约束和规范。系统集成供应商主要根据项目的特点和类型，决定是否要在组织内部为所签署的外部项目单独立项。

（2）软件开发项目通常需要进行内部立项；单一的设备采购类项目无须进行单独立项。

（3）项目资源估算、项目资源分配、准备项目任务书、任命项目经理。（力杨记忆：高频考点）

（4）项目内部立项主要基于以下原因。

① 通过项目立项方式为项目分配资源，系统集成合同中虽然有明确的合同金额，但合同执行时需要各种资源，所以通过内部立项方式将合同金额转换为资源类型和资源。

② 通过项目立项方式确定合理的项目绩效目标，有助于提升人员的积极性。

③ 以项目型工作方式提升项目实施效率。【2021 上】

5.2 学霸演练

1. **以下（　　）项目可能需要进行内部立项。**

A. App 软件开发项目　　B. 计算机采购项目

C. 摄像头采购项目　　D. 打印机采购项目

2. 以下关于招标与投标的说法正确的是（　　）。

A. 招标人采用邀请招标方式的，应当至少向 2 个以上特定的法人发出投标邀请书

B. 招标人对已发出的招标文件进行必要的澄清或者修改的，应当在截止时间至少 10 日前，以书面形式通知所有招标文件收受人

C. 招标人在招标文件要求提交投标文件的截止时间前，可以补充、修改或者撤回已提交的投标文件，并书面通知投标人

D. 依法必须进行招标的项目，其评标委员会由招标人的代表和有关技术、经济等方面的专家组成，成员人数为 3 人以上单数，其中技术、经济等方面的专家不得少于成员总数的 2/3

3. 某公司中标一个大型项目，中标金额为 200 万元，该项目招标根据 2019 年修订的《中华人民共和国招标投标法实施条例》，招标文件要求中标人提交履约保证金的，履约保证金不可为（　　）万元。

A. 2　　B. 10　　C. 20　　D. 25

4. 关于项目评估的说法错误的是（　　）。

A. 由第三方（行政主管部门、银行或有关机构）进行

B. 是项目投资后进行决策管理的重要环节

C. 为银行的贷款决策或行政主管部门的审批决策提供科学依据

D. 项目评估的最终成果是项目评估报告

参考答案：

1. A。力杨解析：软件开发项目通常需要进行内部立项；单一的设备采购类项目无须进行单独立项。

2. C。力杨解析：A 选项应为“3 个以上”；B 选项应为“15 日前”；D 选项应为“5 人以上”。

3. D。力杨解析：履约保证金不超过 10%，即应小于等于 20 万元。

4. B。力杨解析：B 选项应是项目投资“前”进行决策管理的重要环节。

第 6 章　项目整体管理

扫一扫，看视频

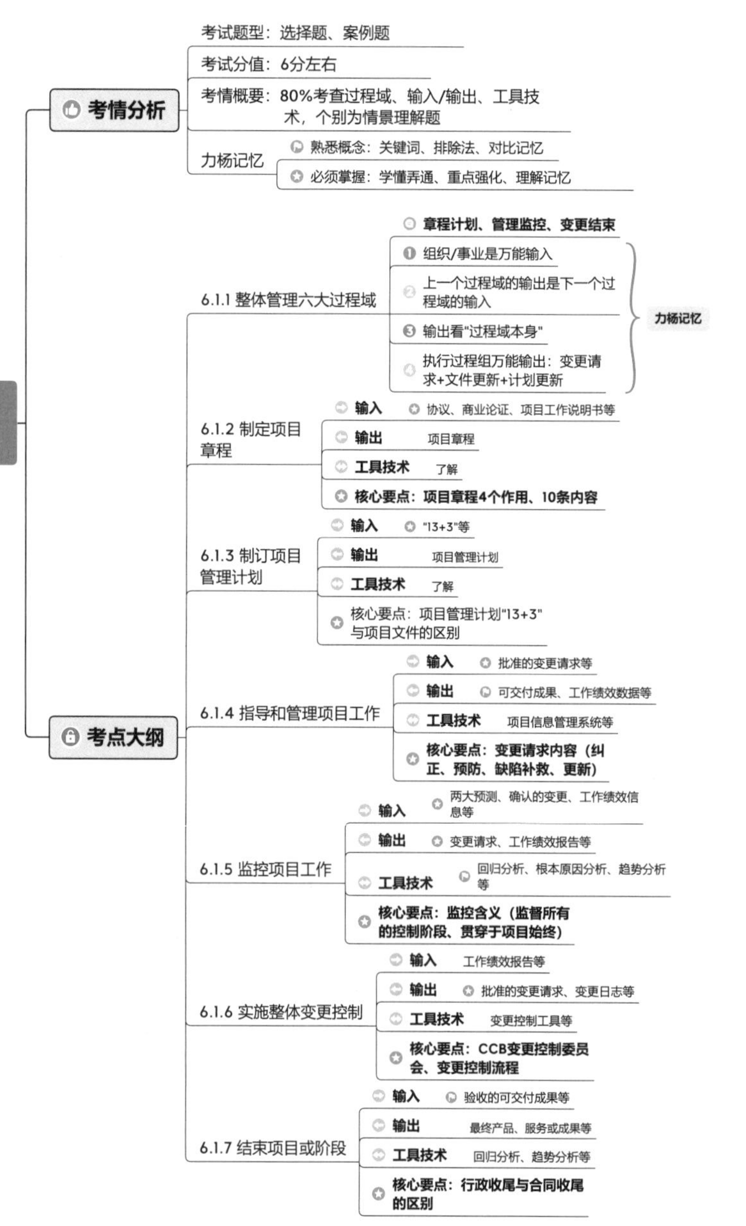

6.1 学霸知识点

考情分析	选择题	案例题
	5分左右	必须掌握
力杨引言	引言：本章为项目整体管理，六大过程域非常重要，是后续九大管理之首。学习建议：弄懂过程域逻辑关系，区分输入/输出。2022年上半年的案例要重点关注。	

6.1.1 整体管理六大过程域

六大过程域	整体管理核心要点	过程组
制定项目章程	编写一份正式文件的过程，这份文件就是项目章程。通过发布项目章程，正式地批准项目并授权项目经理在项目活动中使用组织资源	启动
制订项目管理计划	定义、准备和协调**所有子计划**，并把它们整合为一份综合项目管理计划的过程。项目管理计划包括经过整合的项目基准和子计划（“13+3”）	计划
指导和管理项目工作	为实现项目目标而领导和执行项目管理计划中所确定的工作，并实施已批准变更的过程	执行
监控项目工作	跟踪、审查和报告项目进展，以实现项目管理计划中确定的绩效目标的过程	监控
实施整体变更控制	审查所有变更请求，批准变更，管理对可交付成果、组织过程资产、项目文件和项目管理计划的变更，并对变更处理结果进行沟通的过程	监控
结束项目或阶段	完成所有项目管理过程组的所有活动，以正式结束项目或阶段的过程	收尾
力杨记忆：【章程计划、管理监控、变更结束】，1+1+1+2+1组合，涵盖五大过程组		

6.1.2 制定项目章程

1. 输入/输出

（1）**输入：**协议、商业论证、项目工作说明书、组织过程资产、事业环境因素。

（2）**输出：**项目章程。

（3）**工具与技术：**专家判断、引导技术（头脑风暴、冲突处理、问题解决、会议管理）。

（力杨记忆：掌握“协议—论证—书”是输入，“组织事业”是万能输入，输出是“过程域本身”）

2. 制定项目章程的作用及相关内容【2021 上】

（1）项目章程的 4 个作用。

① 确定并任命项目经理，规定项目经理的权力。

② 正式确认项目的存在，给项目一个合法的地位。

③ 规定项目的总体目标，包括范围、时间、成本和质量等。

④ 通过叙述启动项目的理由，把项目与执行组织的日常经营运作及战略计划等联系起来。

（2）项目章程是正式批准项目的文件；项目章程是由项目实施组织外部签发的文件，通常由高级管理层签发（但注意：项目经理可以参与起草，项目经理是项目章程的实施者）。项目章程既不能太抽象，也不能太具体。【2021 下】

（3）项目章程是项目经理寻求各主要干系人支持的依据。【2021 下】

（4）制定项目章程之前要进行需求估计、可行性研究、初步计划等。

（5）当项目目标发生变化，需要对项目章程进行修改时，只有管理层和发起人**有权进行变更**，项目经理对项目章程的修改不在其权责范围之内。项目章程遵循“谁签发，谁有权修改”的原则。【2021 下】

3. 项目章程的主要内容【2022 上】

扫一扫，看视频

（1）项目目的或批准项目的原因——“十万个为什么”。

（2）项目的总体要求——“两个要求”。

（3）项目审批要求——“两个要求”。

（4）可测量的项目目标和成功的标准——“**质量**管理”。

（5）概括性的项目描述和项目产品描述——“**范围**管理”。

（6）项目的主要风险——“**风险**管理”。

（7）总体里程碑进度计划——“**进度**管理”。

（8）总体预算——“**成本**管理”。

（9）委派的项目经理及其职责和职权——“**人力资源**管理”。

（10）发起人或其他批准项目章程的人员的姓名和职权——“**干系人**管理”。

6.1.3 制订项目管理计划

1. 输入 / 输出

（1）**输入：**项目章程、**其他过程的输出**、组织过程资产、事业环境因素。【2022 上】

（2）**输出：**项目管理计划。

（3）**工具与技术：**专家判断、引导技术。

（力杨记忆：掌握“其他过程的输出”，即“13+3”是输入，输出是“过程域本身”，“组织事业”是万能输入，上一个过程域的输出是下一个过程域的输入）

2. 制订项目管理计划的内容及作用

（1）项目管理计划是综合性的计划，是整合一系列分项的管理计划和其他内容的结果用于指导项目的执行、监控和收尾工作。

（2）项目管理计划是在项目管理其他规划过程的成果的基础上制订的，所有其他规划过程**都是制订项目管理计划过程的依据**。

（3）制订项目管理计划是一个收集其他规划过程的结果，并汇成一份综合的、经批准的、现实可行的、正式的项目计划文件的过程。

（4）项目管理计划可能**不仅要得到管理层的批准**，可能还需要得到其他主要项目干系人的批准。

（5）项目管理计划可以是概括的或详细的，可以是正式的或非正式的，可以包含一个或多个辅助计划（即其他各规划过程所产生的所有子管理计划）。

（6）项目管理计划必须是自下而上制订出来的。在项目执行开始之前，要制订出**尽可能完整的**项目管理计划，但是项目管理计划也需要在项目生命周期的后续阶段中不断审阅、细化、完善和更新。

3. 项目管理计划【2021 上·2021 下】

（1）范围管理计划（需求管理计划，**范围**基准：批准的项目范围说明书、WBS、WBS 词典）。

（2）进度管理计划（**进度**基准）。

（3）成本管理计划（**成本**基准）。

扫一扫，看视频

（4）质量管理计划（过程改进计划）。

（5）人力资源管理计划。

（6）沟通管理计划。

（7）干系人管理计划。

（8）采购管理计划。

（9）风险管理计划。

（10）变更管理计划。

（11）配置管理计划。

（力杨记忆："13+3"，九大管理子计划 + 需求过程 + 变更配置 + 三大基准）

6.1.4 指导和管理项目工作

1. 输入 / 输出

（1）**输入：**项目管理计划、**批准的变更请求**、组织过程资产、事业环境因素。

（2）**输出：**可交付成果、**变更请求**、**工作绩效数据**、项目文件更新、项目管理计划更新。

（3）**工具与技术：**专家判断、会议（交换信息、头脑风暴、方案评估、制定决策等）、项目管理信息系统（PMIS）。【2022 上】

（力杨记忆：掌握"批准的变更请求"是监控过程组"实施整体变更控制的输出"，反过来作为执行过程组的输入，"组织事业"是万能输入，"变更请求 + 文件更新 + 计划更新"是执行过程组的万能输出，输出重点记"可交付成果 + 工作绩效数据"，上一个过程域的输出是下一个过程域的输入）

2. 指导和管理项目工作的内容及作用

（1）指导和管理项目工作是为实现项目目标而领导和执行项目管理计划中所定的工作，并实施已批准变更的过程。**通常以"开踢会议"为开始标志。**【2020 下・2021 上】

（2）主要作用是对项目工作提供全面指导和管理。

（3）批准的变更请求（不含更新）、变更请求（含更新）。

① **纠正措施：**为使项目工作绩效重新与项目管理计划一致而进行的有目的的活动。【2021 下】

② **预防措施：**为确保项目工作的未来绩效符合项目管理计划而进行的有目的的活动。

③ **缺陷补救：**为了修正不一致的产品或产品组件而进行的有目的的活动。

④ **更新：**对正式受控的项目文件或计划等进行的变更，以反映修改或增加的意见或内容。

6.1.5 监控项目工作

扫一扫，看视频

1. 输入 / 输出

（1）**输入：**进度预测、成本预测、确认的变更、工作绩效信息、项目管理计划、组织过程资产、事业环境因素。

（2）**输出：**工作绩效报告、变更请求、项目文件更新、项目管理计划更新。

（3）**工具与技术：**专家判断、会议、项目管理信息系统、分析技术（回归分析、分组方法、因果分析、根本原因分析、预测方法、失效模式与影响分析、故障树分析、储备分析、差异分析、挣值管理、趋势分析等）。

（力杨记忆："进度预测"是控制进度的输出，"成本预测"是控制成本的输出，"确认的变更"是控制质量的输出，"工作绩效信息"是所有控制阶段的万能输出，"组织事业"是万能输入，输出是"变更请求＋文件更新＋计划更新"，是监控过程组的万能输出，输出重点记"工作绩效报告"，工具技术概念需掌握。"监督所有的控制阶段"）

2. 监控项目工作的内容及作用

（1）监控项目工作是跟踪、审查和报告项目进展，以实现项目管理计划中确定的绩效目标的过程。

（2）监控工作贯穿于项目工作的始终，即不仅要对项目的执行进行监控，而且要对项目的启动、规划和收尾进行监控。

（3）主要作用是让干系人了解项目的当前状态、已采取的步骤，以及对预算、进度和范围的预测。

3. 监控项目工作过程的主要关注点

（1）把项目的实际绩效与项目管理计划进行比较。

（2）评估项目绩效，决定是否需要采取纠正或预防措施，并推荐必要的措施。

（3）识别新风险，分析、跟踪和监测已有风险，确保全面识别风险，报告风险状态，并执行适当的风险应对计划。

（4）在整个项目期间，维护一个准确且及时更新的信息库，以反映项目产品及相关文件的情况。

（5）为状态报告、进展测量和预测提供信息。

（6）做出预测，以更新当前的成本与进度信息。

（7）监督已批准变更的实施情况。

（8）如果项目是项目集的一部分，还应向项目集管理层报告项目进展和状态。

6.1.6 实施整体变更控制

1. 输入/输出

（1）**输入：**项目管理计划、变更请求、工作绩效报告、组织过程资产、事业环境因素。

【2020 上】

（2）**输出：**变更日志、批准的变更请求、项目文件更新、项目管理计划更新。【2022 上】

（3）**工具与技术：**专家判断、会议、变更控制工具。

（力杨记忆："文件更新 + 计划更新"是监控过程组的万能输出，输出重点记"变更日志 + 批准的变更请求"，上一个过程域的输出是下一个过程域的输入）

2. 实施整体变更控制的内容及作用

（1）实施整体变更控制是审查所有变更请求，批准或否决变更，管理对可交付成果、组织过程资产、项目文件和项目管理计划的变更，并对变更处理结果进行沟通的过程。

（2）主要作用是从整合的角度考虑记录在案的项目变更，从而降低因未考虑变更对整个项目目标或计划的影响而产生的项目风险。

（3）实施整体变更控制过程贯穿项目始终，并且应用于项目的各个阶段，**项目经理对此负最终责任。**

（4）项目的**任何干系人都可以提出变更请求。**虽然可以口头提出，但所有变更请求都必须以书面形式记录，并纳入变更管理以及配置管理系统中。【2021 下】

3. 实施整体变更控制过程中的部分配置管理活动

配置识别、配置状态记录、配置核实与审计。

4. 变更日志

变更日志用来记录项目过程中出现的变更。应该与相关的干系人沟通这些变更及评估其对项目时间、成本和风险的影响，未经批准的变更请求也应该记录在变更日志中。

5. 项目变更控制委员会

（1）每项记录在案的变更请求都必须由一位责任人**批准或否决**，这位责任人通常是项目发起人或项目经理。**必要时**，应该由变更控制委员会（CCB）来决策是否实施整体变更控制过程。【2021 下】

（2）CCB 是一个正式组成的团体，负责审查、评价、批准、推迟或否决项目变更，以及记录和传达变更处理决定。在 CCB 批准之后，可能还需要得到客户或发起人的批准，除非他们本来就是 CCB 的成员。

（3）整体变更控制可以通过**变更控制委员会**和**变更控制系统**来完成，但是整体变更控制不只是变更控制委员会的事情，**也是项目经理和项目团队的事情。**【2021 上】

（4）变更控制委员会是由主要项目干系人的代表所组成的一个小组，项目经理可以是其中的成员之一，但通常不是组长。对于可能影响项目目标的变更，必须经过变更控制委员会的批准才能实施。

6.1.7 结束项目或阶段

1. 输入 / 输出

（1）**输入：**验收的可交付成果、项目管理计划、组织过程资产。

（2）**输出：**最终产品、服务或成果移交、组织过程资产更新（项目档案、项目或阶段收尾文件、历史信息）。

（3）**工具与技术：**专家判断、会议、PMIS、分析技术（回归分析、趋势分析）。【2021 上】

（力杨记忆："验收的可交付成果"是确认范围的主要输出）

2. 结束项目或阶段的内容及作用

（1）结束项目或阶段是完成并结束所有项目管理过程组的所有活动，以正式结束项目或项目阶段的过程。

（2）主要作用是总结经验教训，正式结束项目工作，为开展新工作而释放组织资源。

（3）项目经理应该邀请所有合适的干系人**参与本过程**。

（4）结束项目或阶段过程中，还有一个**结束采购过程**，旨在进行合同收尾。合同收尾是指结束合同工作，进行采购审计，结束当事人之间的合同关系，并将有关资料收集归档。

（5）行政阶段收尾工作主要包括：①产品核实；②财务收尾；③更新项目记录；④**总结经验教训**；⑤进行组织过程资产更新；⑥结束项目干系人在项目上的关系，**解散项目团队**。

（6）行政收尾产生的结果：对项目产品的正式接受；完整的项目档案；组织过程资产更新；资源释放。

3. 验收的可交付成果

验收的可交付成果可能包括批准的产品规范、交货收据和工作绩效文件。在分阶段实施的项目或被取消的项目中，可能会包括未全部完成的可交付成果或中间可交付成果。

6.1.8 整体管理总结及要点知识

1. 工具与技术

工具与技术	过 程 域	概 念
故障树分析（FTA）	整体→监控项目工作	是采用逻辑的方法，形象地进行薄弱环节和风险等危险的分析工作，特点是直观、明了，思路清晰，逻辑性强，既可以做定性分析，也可以做定量分析
趋势分析	整体→监控项目工作	趋势预测法，用于检查项目绩效随时间的变化情况，以确定绩效是在改善还是在恶化。具体包括趋势平均法、指数平滑法、直线趋势法、非直线趋势法
根本原因分析（RCA）	整体→监控项目工作	是一项结构化的问题处理法，用以逐步找出问题的根本原因并加以解决，而不是仅仅关注问题的表征
回归分析	整体→监控项目工作	是确定两种或两种以上变数间相互依赖的定量关系的一种统计分析方法
项目管理信息系统	整体→指导和管理项目工作 & 监控项目工作	作为事业环境因素的一部分，项目管理信息系统提供下列工具：进度计划工具、工作授权系统、配置管理系统、信息收集与发布系统，或其他**基于 IT 技术的工具**

2. 行政 / 管理收尾与合同收尾的主要区别

行政 / 管理收尾	合同收尾
是针对项目和项目各阶段的，不仅整个项目要进行一次行政收尾，而且每个项目阶段结束时都要进行相应的行政收尾	是针对合同的，每个合同需要而且只需要进行一次合同收尾
要由项目发起人或高级管理层给项目经理签发项目阶段结束或项目整体结束的书面确认	要由负责采购的管理成员（可能是项目经理或其他人）向卖方签发合同结束的书面确认
从整个项目来看，**合同收尾发生在行政收尾之前**；如果是以合同形式进行的项目，在收尾阶段，先要进行采购审计和合同收尾，然后进行行政收尾。从某一个合同的角度来看，合同收尾中又包括行政收尾工作（合同的行政收尾）	

3. 项目管理计划与项目文件的区别

项目管理计划	项目文件	
范围管理计划	协议	项目人员分派书
需求管理计划	项目章程	项目工作说明书
范围基准（批准的范围说明书、WBS、WBS 词典）	需求文件	质量核对表
进度管理计划	需求跟踪矩阵	质量控制测量结果
进度基准	估算依据	质量测量指标
成本管理计划	活动属性	项目日历
	活动成本估算	资源日历
成本基准	活动持续时间估算	资源分解结构

续表

<table>
<tr><th>项目管理计划</th><th colspan="2">项目文件</th></tr>
<tr><td>质量管理计划</td><td rowspan="9">活动清单
活动资源需求
项目资金需求
项目进度计划
项目进度网络图
变更请求
变更日志
问题日志
成本预测
进度预测
进度数据</td><td rowspan="9">卖方建议书
供方选择标准
采购文件
采购工作说明书
风险登记册
干系人登记册
团队绩效评价
工作绩效数据
工作绩效信息
工作绩效报告
里程碑清单</td></tr>
<tr><td>过程改进计划</td></tr>
<tr><td>人力资源管理计划</td></tr>
<tr><td>沟通管理计划</td></tr>
<tr><td>干系人管理计划</td></tr>
<tr><td>风险管理计划</td></tr>
<tr><td>采购管理计划</td></tr>
<tr><td>变更管理计划</td></tr>
<tr><td>配置管理计划</td></tr>
</table>

4. 工作绩效数据、报告、信息的区别

工作绩效	内　容	输入 / 输出
工作绩效**数据**	在执行项目工作的过程中，从每个正在执行的活动中收集到的原始观察结果和测量值	指导和管理项目执行输出
工作绩效**报告**	为制定决策、采取行动或引起关注而汇编工作绩效信息所形成的实物或电子项目文件。项目信息可以通过口头形式进行传达，但为了便于项目绩效信息的记录、存储和分发，有必要使用实物形式或电子形式的项目文件。工作绩效报告包含一系列的项目文件，旨在引起关注，并制定决策或采取行动。可以在项目开始时就规定具体的项目绩效指标，并在正常的工作绩效报告中向关键干系人报告这些指标的落实情况	监控项目工作输出、实施整体变更**输入**
工作绩效**信息**	工作绩效信息是从各控制过程中收集并结合项目的相关背景和跨领域关系，进行整合分析而得到的绩效数据。绩效信息包括可交付成果的状态、变更请求的落实情况及预测的完工尚需估算等信息	监控项目工作**输入**

6.2 学 霸 演 练

一、选择题

1.（　　）是确定两种或两种以上变数间相互依赖的定量关系的一种统计分析方法。

A. 回归分析　　B. 趋势分析　　C. 分组方法　　D. 根本原因分析

2. 以下（　　）不是制定项目章程的依据。

A. 合同　　B. 项目工作说明书

C. 项目建议书　　D. 商业论证

3. 以下（　　）不是项目管理计划的输入。

A. 项目章程　　B. 进度基准　　C. 政府或行业标准　　D. 项目工作说明书

4. 以下（　　）不是项目文件的内容。

A. 风险登记册　　B. 变更日志　　C. 进度预测　　D. 成本基准

5. 以下关于 CCB 的说法错误的是（　　）。

A. 所有的变更请求必须经 CCB 决策

B. CCB 是一个正式组成的团体

C. 在 CCB 批准之后，还可能需要得到客户或发起人的批准

D. 项目变更控制委员会即为 CCB

6.（　　）是对正式受控的项目文件或计划等进行的变更，以反映修改或增加的意见或内容。

A. 纠正措施　　B. 缺陷补救　　C. 预防措施　　D. 更新

7.（　　）不是项目监控工作的主要输入。

A. 进度预测　　B. 成本预测　　C. 确认的变更　　D. 工作绩效报告

D。力杨解析：典型的输入 / 输出混淆问题，工作绩效报告是输出。

二、案例题

【整体管理】案例分析

某科技公司承接了一个有关电子政务 OA 行政办公软件的开发项目，公司在制订项目管理计划阶段任命富有经验的张工作为公司委派的项目经理。张工拥有 100% 的权力领导和管理项目团队，现场带领项目组开始进行项目的研发工作。

张工以前是一名老技术工程师，从事 C++ 编程语言开发工作多年。在项目初期，张工自己制订了非常详细的项目管理计划，项目组人员的工作非常饱满，为加快项目的进度，张工在制订项目计划后安排项目组小李将任务分发至项目组各个成员后开始实施。然而，随着项目的推进，由于项目干系人对项目的需求不断提出变更，项目组人员也有所更换，项目组已经没有再按照计划来进行工作了，大家都是在当天早上才安排当天的工作事项，张工每天都被工作搞得焦头烂额，项目开始出现混乱的局面。

项目组中的一名技术人员甚至在拿到项目计划的第一天就说："计划没有变化快，要计划有什么用。"然后只顾编写自己手头的程序。

一边是客户在催着张工快点将项目完工，要尽快将系统投入生产；另一边张工也接到了公司分管副总的敦促，批评他工作没有落实好。

【问题1】请说出案例背景中有何不妥，并简述理由。（6分）

【问题2】请说明张工制订的项目管理计划应该包括哪些内容。（8分）

【问题3】由案例可知，张工领导的项目组存在重大问题，你认为一名合格的项目经理应该具备哪些素养？（6分）

【问题4】请根据以下内容填写正确选项代号。（4分）

1. 该项目组织结构应属于（　　）。（A. 职能型；B. 强矩阵型；C. 项目型）

2. 任何干系人均可以提出变更请求，对于口头提出的变更请求必须书面记录。该说法（　　）。（A. 正确；B. 错误）

3. 项目章程是制订项目管理计划的主要输入。该说法（　　）。（A. 正确；B. 错误）

4. 根据案例背景，该软件开发项目可以采用瀑布模型作为生命周期模型。该说法（　　）。（A. 正确；B. 错误）

参考答案：

一、选择题

1. A。力杨解析：回归分析是确定两种或两种以上变数间相互依赖的定量关系的一种统计分析方法。

2. C。力杨解析：项目建议书是立项阶段的内容。

3. D。力杨解析：项目工作说明书是项目章程的输入。

4. D。力杨解析：考查项目管理计划"13+3"内容。

5. A。力杨解析：每项记录在案的变更请求都必须由一位责任人**批准或否决**，这个责任人通常是项目发起人或项目经理。**必要时**，应该由变更控制委员会（CCB）来决策是否实施整体变更控制过程。

6. D。力杨解析：更新是对正式受控的项目文件或计划等进行的变更，以反映修改或增加的意见或内容。

7. D。力杨解析：典型的输入 / 输出混淆问题，工作绩效报告是输出。

二、案例题

【问题 1】力杨解析

（1）在制订项目管理计划阶段任命项目经理不妥。理由：项目经理任命应在制定项目章程阶段。

（2）任命张工作为项目经理欠妥。理由：张工技术能力强，但从案例背景可知，张工管理和领导能力欠佳。

（3）张工自己制订项目管理计划不妥，此情况造成了后期的项目组偏离计划工作。理由：项目管理计划应由项目组成员共同参与制订，注意，是自下而上。

（4）张工在制订项目计划后安排项目组小李将任务分发至项目组各个成员后开始实施不妥。理由：项目管理计划应该得到管理层批准，可能还需要得到干系人批准。

（5）安排小李分配任务不妥。理由：项目管理计划制订后，应该通过会议、专家判断等之后再进入执行阶段，比较重要的阶段应由项目经理参与。

（6）“项目组中的一名技术人员甚至在拿到项目计划的第一天就说：‘计划没有变化快，要计划有什么用。’然后只顾编写自己手头的程序”存在问题。理由：各行其是，缺少必要的绩效考核和监控措施。

大家可以多写，考试时根据题目分值写足，比如 6 分，至少写 6 条，考试时根据时间尽量多写。

【问题 2】力杨解析

9 个子计划 + 配置变更 + 需求流程 + 三大基准：

范围管理计划、进度管理计划、成本管理计划、质量管理计划、人力资源管理计划、沟通管理计划、干系人管理计划、采购管理计划、风险管理计划、需求管理计划、流程管理计划、配置管理计划、变更管理计划、范围基准、进度基准、成本基准。

【问题 3】力杨解析

（1）足够的知识。

（2）丰富的项目管理经验。

（3）良好的协调和沟通能力。

（4）良好的职业道德。

（5）一定的领导和管理能力。

【问题4】力杨解析

（1）C。

（2）A。

（3）A。

（4）B。

第 7 章　项目范围管理

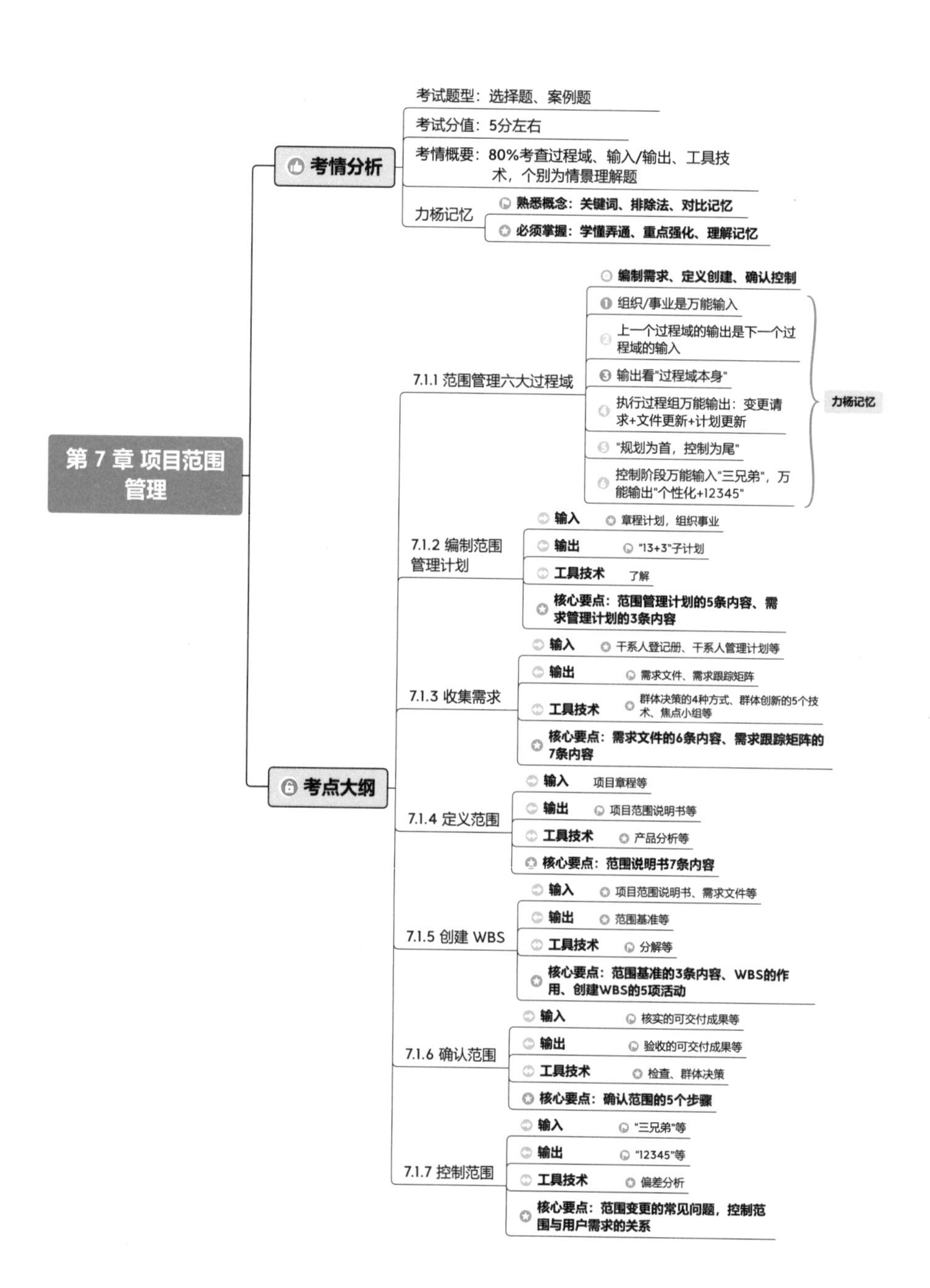

第 7 章 项目范围管理
考情分析
考试题型：选择题、案例题
考试分值：5分左右
考情概要：80%考查过程域、输入/输出、工具技术，个别为情景理解题
力杨记忆
熟悉概念：关键词、排除法、对比记忆
必须掌握：学懂弄通、重点强化、理解记忆
考点大纲
7.1.1 范围管理六大过程域
编制需求、定义创建、确认控制
组织/事业是万能输入
上一个过程域的输出是下一个过程域的输入
输出看"过程域本身"
执行过程组万能输出：变更请求+文件更新+计划更新
"规划为首，控制为尾"
控制阶段万能输入"三兄弟"，万能输出"个性化+12345"
力杨记忆
7.1.2 编制范围管理计划
输入
章程计划，组织事业
输出
"13+3"子计划
工具技术
了解
核心要点：范围管理计划的5条内容、需求管理计划的3条内容
7.1.3 收集需求
输入
干系人登记册、干系人管理计划等
输出
需求文件、需求跟踪矩阵
工具技术
群体决策的4种方式、群体创新的5个技术、焦点小组等
核心要点：需求文件的6条内容、需求跟踪矩阵的7条内容
7.1.4 定义范围
输入
项目章程等
输出
项目范围说明书等
工具技术
产品分析等
核心要点：范围说明书7条内容
7.1.5 创建 WBS
输入
项目范围说明书、需求文件等
输出
范围基准等
工具技术
分解等
核心要点：范围基准的3条内容、WBS的作用、创建WBS的5项活动
7.1.6 确认范围
输入
核实的可交付成果等
输出
验收的可交付成果等
工具技术
检查、群体决策
核心要点：确认范围的5个步骤
7.1.7 控制范围
输入
"三兄弟"等
输出
"12345"等
工具技术
偏差分析
核心要点：范围变更的常见问题，控制范围与用户需求的关系

7.1 学霸知识点

扫一扫，看视频

考情分析	选择题	案例题
	5分左右	掌握
力杨引言	引言：本章为项目范围管理，六大过程域非常重要，结合变更管理进行掌握。学习建议：弄懂过程域逻辑关系，区分输入/输出。	

7.1.1 范围管理六大过程域

六大过程域	范围管理核心要点	过程组
编制范围管理计划	**规划范围管理**，对如何定义、确认和控制项目范围的过程进行描述	计划
收集需求	为实现项目目标，明确并记录项目干系人的相关需求的过程	计划
定义范围	详细描述产品范围和项目范围，**编制项目范围说明书**，作为以后项目决策的基础	计划
创建工作分解结构（WBS）	创建WBS，把整个项目工作分解为较小的、更易于管理的组成部分，形成一个自上而下的分解结构	计划
确认范围	正式验收已完成的项目可交付成果	**监控**
控制范围	监督项目和产品的范围状态，管理范围基准变更	**监控**
力杨记忆：【编制需求、定义创建、确认控制】，4+2组合，涵盖计划+监控两大过程组		

7.1.2 编制范围管理计划

1. 输入/输出

（1）**输入：**项目章程、项目管理计划、组织过程资产、事业环境因素。

（2）**输出：**范围管理计划、需求管理计划。【2021下】

（3）**工具与技术：**会议、专家判断。

（力杨记忆：掌握“章程计划—组织事业”是规划阶段的万能输入，输出是“13+3子计划”）

2. 编制范围管理计划的内容及作用

（1）编制范围管理计划是项目或项目集管理计划的组成部分，描述了如何定义、制定、

监督、控制和确认项目范围。【2021 下】

（2）编制范围管理计划有助于降低项目范围蔓延的风险。

（3）范围管理计划可能在项目管理计划之中，也可能作为单独的一项。根据不同的项目，可以是详细的或者概括的，是正式的或者非正式的。【2021 下】

3. 范围管理计划的内容

扫一扫，看视频

（1）制定详细项目范围说明书。

（2）根据详细项目范围说明书创建 WBS。

（3）维护和批准 WBS。

（4）正式验收已完成的项目可交付成果。

（5）处理对详细项目范围说明书或 WBS 的变更。【2022 上】

4. 需求管理计划

（1）描述在**整个项目生命周期内**如何分析、记录和管理需求。【2021 下】

（2）如何规划、跟踪和汇报**各种需求活动**；配置管理活动；需求优先级排序过程；产品测量指标及使用这些指标的理由；用来反映哪些需求属性将被列入跟踪矩阵的跟踪结构；收集需求过程。

（3）**需求管理贯穿于整个过程**，它的**最基本的任务就是明确需求**，并使项目团队和用户达成共识，即建立需求基线。另外，还要建立需求跟踪能力联系链，确保所有用户需求都被正确地应用，并且在需求发生变更时，能够完全地控制其影响范围，始终保持产品与需求的一致性。

7.1.3 收集需求

1. 输入/输出

（1）**输入：项目章程**、范围管理计划、需求管理计划、干系人管理计划、干系人登记册。

（2）**输出：**需求文件、需求跟踪矩阵。

（3）**工具与技术：**访谈、焦点小组、引导式讨论会、群体创新（**头脑风暴**、**名义小组**、**概念/思维导图**、**亲和图**、**多标准决策分析**）、群体决策技术、问卷调查、观察、原型法、标杆对照、文件分析、系统交互图。【2020 上】

（力杨记忆：掌握“收集需求”来源于干系人，输出是“文件＋跟踪矩阵”，上一个过程域的输出是下一个过程域的输入）

2. 需求文件的内容

（1）**业务需求：**可跟踪的业务目标、项目目标；执行组织的业务规则；组织的指导原则。

（2）**干系人需求：**对组织其他领域的影响；对执行组织内部或外部团体的影响；干系人沟通和报告的需求。

（3）**解决方案需求：**功能和非功能需求；技术和标准合规性需求；支持和培训的需求；质量需求；报告需求。

（4）**过渡需求：**从当前状态过渡到将来状态所需的临时能力。

（5）**项目需求：**服务水平、绩效、安全和合规性；验收标准。

（6）**与需求相关的假设条件、依赖关系和制约因素**。

3. 需求跟踪矩阵内容

（1）业务需求、机会、目的和目标。

（2）项目目标。

（3）项目范围/WBS可交付成果。

（4）产品设计。

（5）产品开发。

（6）测试策略和测试场景。

（7）高层及需求到详细需求。

7.1.4 定义范围

1. 输入/输出

（1）**输入：项目章程**、需求文件、范围管理计划、组织过程资产。

（2）**输出：项目范围说明书**、项目文件更新。

（3）**工具与技术：**专家判断、产品分析、备选方案生成（头脑风暴、横向思维、备选方案生成分析）、引导式研讨会。

（力杨记忆：输出是“项目范围说明书”，上一个过程域的输出是下一个过程域的输入，

子计划"范围管理计划"作为后续过程域的主要输入,"需求文件"作为后续过程域的主要输入)

2. 定义范围的内容及作用

(1)定义范围是制定项目和产品详细描述的过程。

(2)主要作用是明确所收集的需求中哪些将包含在项目范围内,哪些将排除在项目范围外,从而明确项目、服务或输出的边界。【2022 上】

(3)**需要多次反复开展定义范围过程。**

扫一扫,看视频

(4)定义范围最重要的任务就是详细定义项目的范围边界,范围边界是应该做的工作和不需要进行的工作的分界线。【2021 下】

3. 项目章程与项目范围说明书的区别

项 目 章 程	项目范围说明书
项目目的或批准项目的原因——"十万个为什么"	项目目标:**包括衡量项目成功的可量化标准**
项目的总体要求——"两个要求"	项目范围描述:**项目承诺交付的产品、服务或结果的特征**
项目审批要求——"两个要求" 可测量的项目目标和成功的标准——"**质量**管理"	项目需求:**描述了项目承诺交付物要满足合同、标准、规范或其他强制性文件所必须具备的条件或能力**
概括性的项目描述和项目产品描述——"**范围**管理" 项目的主要风险——"**风险**管理" 总体里程碑进度计划——"**进度**管理"	项目边界:**严格地定义了项目内包括什么和不包括什么,以防有的项目干系人假定某些产品或服务是项目的一部分**【2021 下】
总体预算——"**成本**管理"	项目的可交付成果:**产出的任何独特并可核实的产品、服务或成果**
委派的项目经理及其职责和职权——"**人力资源**管理"	项目的制约因素:**具体的与项目范围有关的约束条件,它会对项目团队的选择造成限制**
发起人或其他批准项目章程的人员的姓名和职权——"**干系人**管理"	假设条件:**与范围项目的假设条件,以及当这些条件不成立时对项目造成的影响**

7.1.5 创建 WBS

1. 输入 / 输出

(1)**输入:**需求文件、范围管理计划、**项目范围说明书**、组织过程资产、事业环境因素。

(2)**输出:范围基准**、项目文件更新。(范围基准包含**批准的**项目范围说明书、WBS 和 WBS 词典。)

(3)**工具与技术:**分解、专家判断。

（力杨记忆：输出是"范围基准"，上一个过程域的输出是下一个过程域的输入，子计划"范围管理计划"作为后续过程域的主要输入，"需求文件"作为后续过程域的主要输入，"组织事业"是万能输入）

2. 创建 WBS 的内容及作用

（1）创建 WBS 是把项目可交付成果和项目工作分解成较小的、更易于管理的组件的过程。

（2）WBS 是项目管理的基础，项目的**所有规划和控制工作**都必须基于 WBS。

（3）主要作用是为所要交付的内容提供一个结构化的视图。

（4）WBS 是对项目团队为实现项目目标、创建可交付成果而需要实施的全部工作范围的层级分解。

（5）WBS 组织并**定义了项目的总范围**，代表着经批准的当前项目范围说明书中所规定的工作。

（6）WBS 的内容如下：

① WBS 是用来确定项目范围的，项目的全部工作都必须包含在 WBS 中，必须且只能包括 100% 的工作。

② WBS 的编制需要所有项目干系人的参与，需要项目团队成员的参与。

③ WBS 是**逐层向下**分解的。WBS 的**最高层**的要素总是整个项目或分项目的最终成果；WBS 中每条分支分解层次不必相等；一般情况下，控制在 3 ~ 6 层为宜；WBS 的各要素是**相对独立的**，要尽量减少相互之间的交叉。【2021 下】

（7）**里程碑**：标志着某个可交付成果或者阶段的正式完成。WBS 中的任务有明确的开始时间和结束时间，任务的结果可以和预期的结果相比较。

（8）**工作包**：位于 WBS 每条分支最底层的可交付成果或项目工作组成部分，工作包的大小需要遵循 8/80 原则。【2021 上】

（9）**控制账户**：一个管理控制点，每个控制账户可能包括一个或多个工作包，但是一个工作包只属于一个控制账户。【2022 上】

（10）WBS 词典：也称为 WBS 词汇表，它是描述 WBS 各组成部分的文件。在控制范围变更过程中，如果要评价变更的影响，由于 WBS 词典比 WBS 包含的信息更多，因此作用更大。

（11）WBS 不是某个项目团队成员的责任，应该由全体项目团队成员、用户和项目干系人**共同完成和一致确认**。

（12）较常用的 WBS 表示形式主要有分级的树形结构（组织结构图式）的中小型项目与表格形式（列表式）的大型项目。（力杨记忆：必考知识点）

3. **创建 WBS 分解过程的主要活动**

（1）**识别**和分析可交付成果及相关工作。

（2）确定 WBS 的**结构**和编排方法。

（3）自上而下逐层细化**分解**。

（4）为 WBS 组件制定和**分配**标识**编码**。

（5）**核实**可交付成果分解的程度是否恰当。（力杨记忆：注意排序，识别结构→分解分配→编码核实）

4. **工作结构分解注意 7 个原则**

（1）在层次上保持项目的完整性，避免遗漏必要的组成部分。

（2）一个工作单元只能从属于某个上层单元，避免交叉从属。

（3）相同层次的工作单元应用相同性质。

（4）工作单元应能分开不同的责任者和不同的工作内容。

（5）便于项目管理计划和项目控制的需要。

（6）**最底层工作应该具有可比性，是可管理的，可定量检查的**。

（7）WBS 既要包括项目管理工作，又要包括分包出去的工作。

7.1.6 确认范围

1. **输入 / 输出**

（1）**输入：**需求文件、需求跟踪矩阵、项目管理计划、核实的可交付成果、工作绩效数据、事业环境因素。

（2）**输出：**验收的可交付成果、变更请求、工作绩效信息、项目文件更新。

（3）**工具与技术：检查**（审查、产品评审、审计、巡检）、**群体决策技术**。【2022 上】

（力杨记忆：“核实的可交付成果”是控制质量的输出，子计划“范围管理计划”作为后续过程域的主要输入，“需求文件”作为后续过程域的主要输入，“工作绩效数据”是监控阶段的万能输入，“验收的可交付成果”是整体管理结束项目或阶段的输入）

2. **确认范围的内容和作用**

（1）确认范围是**正式验收已完成的项目可交付成果的过程**。

（2）确认范围应该贯穿项目的始终，从 WBS 的确认或合同中具体分工界面的确认，到项目验收时范围的检验。

（3）确认范围过程应该以书面文件的形式将完成情况记录下来。

（4）主要作用是使验收过程具有客观性；同时通过验收每个可交付成果，提高最终产品、服务或成果获得验收的可能性。

扫一扫，看视频

3. 确认范围的一般步骤

（1）确定需要进行范围确认的**时间**。

（2）识别范围确认需要哪些**投入**。

（3）确定范围正式被接受的**标准**和要素。

（4）确定范围确认会议的组织**步骤**。

（5）**组织**范围确认**会议**。（力杨记忆：时间投入→标准步骤→组织会议）

4. 确认范围与质量控制的区别

（1）**确认范围**主要强调可交付成果获得客户或发起人的接受；**质量控制**强调可交付成果的正确性，并符合为其制定的具体质量要求（质量标准）。【2021下】

（2）**质量控制一般**在确认范围前进行，也可同时进行；**确认范围**一般在阶段末尾进行，而质量控制并不一定在阶段末尾进行。

（3）**质量控制**属内部检查，由执行组织的相应质量部门实施；**确认范围**则由外部干系人（客户或发起人）对项目可交付成果进行检查验收。【2021上】

5. 确认范围与项目收尾的区别

（1）虽然确认范围与项目收尾工作都在阶段末尾进行，但确认范围强调的是核实与接受可交付成果，而项目收尾强调的是结束项目（或阶段）所要做的流程性工作。

（2）确认范围与项目收尾都有验收工作，**确认范围**强调验收项目可交付成果，**项目收尾**强调验收产品。

7.1.7 控制范围

1. 输入 / 输出

（1）**输入：**需求文件、需求跟踪矩阵、项目管理计划、工作绩效数据、组织过程资产。

（2）**输出：**变更请求、工作绩效信息、项目文件更新、项目管理计划更新、组织过程资产更新。

（3）**工具与技术：偏差分析。**【2022上】

（力杨记忆："项目管理计划＋工作绩效数据＋组织过程资产"是控制阶段的万能输入，"需

求文件”作为后续过程域的主要输入，“12345”五大控制阶段是万能输出）

2. 控制范围的内容和作用

（1）控制范围是监督项目和产品的范围状态、管理范围基准变更的过程。

（2）主要作用是在整个项目期间保持对范围基准的维护。

（3）未经控制的产品或项目范围的扩大被称为**范围蔓延**。

3. 范围变更的常见问题

（1）项目范围蔓延。

（2）得不到投资人的批准（客户通常只能提出范围变化的要求，但却没有批准的权力；即使是项目经理也没有批准的权力，真正拥有这种权力的只有一个人，那就是这个项目的投资人）。

（3）项目小组未尽责任。【2021 上】

4. 控制范围与用户需求的关系

（1）用户的需求变更必须控制在可控范围之内。需求基线定义了项目的范围。

（2）随着项目的进展，用户的需求可能会发生变化，从而导致需求基线及项目范围的变化。每次需求变更并经过需求评审后，都要重新确定新的需求基线。

（3）项目组需要维护需求基线文档，保存好各个版本的需求基线，以备不时之需。随着项目的进展，需求基线将越定越高，容许的需求变更将越来越少。

（4）需求变更及项目范围变更一定要遵循由变更控制委员会制定的变更控制流程。

7.1.8 范围管理总结及要点知识

扫一扫，看视频

工具与技术	过程域	概　念
群体决策技术	范围→收集需求和确认范围	为达成某种期望结果而对多个未来行动方案进行评估。群体决策技术可用来开发产品需求，以及对产品需求进行归类和优先排序。主要有一致同意（基本全票通过）、大多数原则（**50% 以上，过半数**）、相对多数原则（**50% 以下，不过半数**）、独裁（一个人说了算）
标杆对照	范围→收集需求	将实际或计划的做法与其他**类似组织**的做法进行比较，以便识别最佳实践，形成改进意见，并为绩效考核提供依据，标杆对照所采用的“类似组织”可以是内部组织，也可以是外部组织【2021 上】
焦点小组	范围→收集需求	召集预定的干系人和主题专家，了解他们对所讨论的产品、服务或成果的期望和态度
引导式研讨会	范围→收集需求和定义范围	把主要干系人召集在一起，通过集中讨论来定义产品需求；具有不同期望或专业知识的关键人物参与研讨会，有助于就项目目标和项目限制达成跨职能的共识

续表

工具与技术	过程域	概　念
产品分析	范围→定义范围	旨在弄清产品范围，并把对产品的要求转化成对项目的要求
备选方案生成	范围→定义范围	一种用来制定尽可能多的潜在可选方案的技术，用于识别执行项目工作的不同方法
偏差分析	范围→控制范围	一种确定实际绩效与基准的差异程度及原因的技术
群体创新技术	范围→收集需求	①**头脑风暴**：一种用来产生和收集对项目需求与产品需求的多种创意的技术。 ②**名义小组技术**：用于促进头脑风暴的一种技术，通过投票排列最有用的创意，以便进一步开展头脑风暴或**优先排序**。 ③**概念 / 思维导图**：把从头脑风暴中获得的创意整合成一张图的技术，以反映创意之间的共性与差异，激发新创意。 ④**亲和图**：用来识别大量创意并进行分组的技术，以便进一步审查和分析。 ⑤**多标准决策分析**：借助决策矩阵，用系统分析方法建立风险水平、不确定性和价值收益等多种标准，从而对众多方案进行评估和排序的一种技术

7.2 学霸演练

一、选择题

1. **以下关于范围管理的说法错误的是（　　）。**

A. 收集需求是为实现项目目标而确定、记录并管理干系人的需要和需求的过程

B. 确认范围是制定项目和产品详细描述的过程

C. 范围管理计划可能在项目管理计划之中，也可能作为单独的一项

D. 需求管理计划描述在整个项目生命周期内如何分析、记录和管理需求

2. **关于创建 WBS 的说法正确的是（　　）。**

A. WBS 是用来确定项目范围的，项目的全部工作都必须包含在 WBS 中

B. WBS 的编制需要项目主要干系人的参与，需要项目团队成员的参与

C. WBS 的最底层的要素总是整个项目或分项目的最终成果

D. WBS 中每条分支分解层次必须相等

3.（　　）**不是收集需求的主要依据。**

A. 范围管理计划　B. 需求管理计划　C. 系统交互图　D. 项目章程

4. **群体决策是为达成某种期望结果而对多个未来行动方案进行评估。群体决策技术可用来开发产品需求，以及对产品需求进行归类和优先排序，若某项目干系人提出的需求经过群体决策予以批准，但有超过半数的人持反对意见，请问该批准采取的原则是（　　）。**

A. 一致同意　B. 大多数原则　C. 相对多数原则　D. 独裁

5. **以下（　　）不属于范围说明书的内容。**

A. 项目可交付成果　B. 项目的除外责任

C. 项目制约因素　D. 项目审批要求

6. **以下（　　）不属于范围基准的内容。**

A. 工作说明书　B. 批准的项目范围说明书

C. WBS　D. WBS 词典

7.（　　）**是把从头脑风暴中获得的创意整合成一张图的技术，以反映创意之间的共性与差异，激发新创意。**

A. 亲和图　B. 概念 / 思维导图

C. 多标准决策分析　D. 头脑风暴

8.（　　）**是用于促进头脑风暴的一种技术，通过投票排列最有用的创意，以便进一步开展头脑风暴或优先排序。**

A. 引导式讨论会　B. 焦点小组

C. 多标准决策分析　D. 名义小组技术

9.（　　）**是召集预定的干系人和主题专家，了解他们对所讨论的产品、服务或成果的期望和态度。**

A. 引导式讨论会　B. 焦点小组

C. 多标准决策分析　D. 名义小组技术

二、案例题

【范围管理】案例分析

某系统集成公司中标一个信息系统项目，由于项目内容多，有许多需要进行的工作，王工被公司任命为项目经理，为了更好地制订项目计划，更有效地对项目实施过程进行管理和控制，王工需要对项目开发过程可能涉及的工作进行分解。项目组成员小刘对开发过程进行了初步分解，认为可以划分为产品需求、详细设计、软件构建、软件测试及安装。

王工认为小刘制定的WBS并不完整，并根据自己的经验进行了补充，通过WBS创建活动最终形成了项目范围说明书、范围基准。

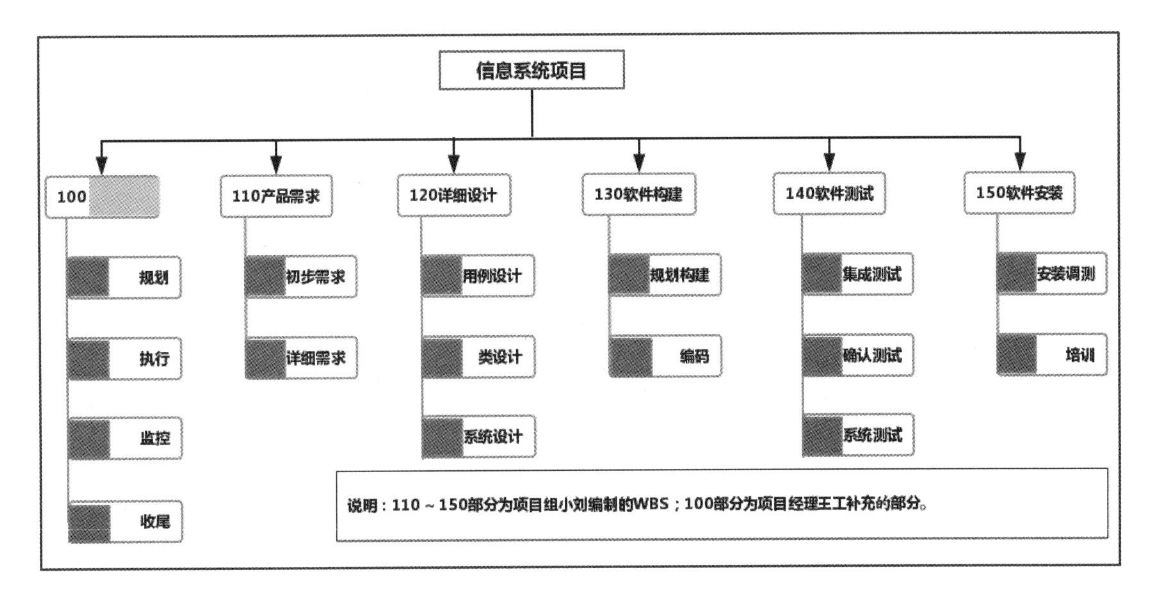

【问题1】请根据你的理解，说明要将整个项目工作分解为工作包，通常需要开展哪些活动。（5分）

【问题2】请指出该案例背景中的不妥之处，并简要说明理由。（4分）

【问题3】请补充完整本项目树形结构的WBS，并用三位数字给每项工作编码。（7分）

【问题 4】请根据以下内容填写正确选项代号。(4 分)

1. 较常用的 WBS 表示形式主要有分级的树形结构(组织结构图式)、表格形式(列表式)两种。该说法(　　)。(A. 正确；B 错误)

2. 范围基准包括项目范围说明书、WBS、WBS 词典。该说法(　　)。(A. 正确;B 错误)

3. WBS 分解可以采取自下而上的方式。该说法(　　)。(A. 正确；B 错误)

4. 以上补充完整的 WBS 分解结构是否合理？(　　)。(A. 是；B. 否)

参考答案:

一、选择题

1. B。力杨解析：B 选项应是“定义范围”，而不是“确认范围”。

2. A。力杨解析：B 选项应为“所有项目干系人”；C 选项应为“最高层”；D 选项应为“不必相等”。

3. C。力杨解析：典型的输入与输出、工具与技术混淆的问题，系统交互图是工具与技术。

4. C。力杨解析：理解题，有超过半数的人持反对意见反过来就是不足半数，因此为“相对多数原则”。

5. D。力杨解析：项目审批要求是项目章程的内容。

6. A。力杨解析：**范围基准**包括批准的项目范围说明书、WBS、WBS 词典。

7. B。力杨解析：概念 / 思维导图是把从头脑风暴中获得的创意整合成一张图的技术，以反映创意之间的共性与差异，激发新创意。

8. D。力杨解析：名义小组技术是用于促进头脑风暴的一种技术，通过投票排列最有用的创意，以便进一步开展头脑风暴或优先排序。

9. B。力杨解析：焦点小组是召集预定的干系人和主题专家，了解他们对所讨论的产品、服务或成果的期望和态度。

二、案例题

【问题 1】力杨解析

(1)识别和分析可交付成果及相关工作。

(2)确定 WBS 的结构和编排方法。

(3)自上而下逐层细化分解。

(4)为 WBS 组件制定和分配标识编码。

（5）核实可交付成果分解的程度是否恰当。

【问题2】力杨解析

（1）项目组成员小刘对开发过程进行了初步分解不妥。理由：WBS不是某个项目团队成员的责任，应该由全体项目团队成员、用户和项目干系人共同完成和一致确认。

（2）通过WBS创建活动最终形成了项目范围说明书不妥。项目范围说明书应是创建WBS的主要输入，而不是输出，输出应是范围基准。

【问题3】力杨解析

根据四大规程组可判断应填入“项目管理”，编码依次填入即可。

【问题4】力杨解析

（1）A。

（2）B。

（3）B。

（4）A。

第 8 章　项目进度管理

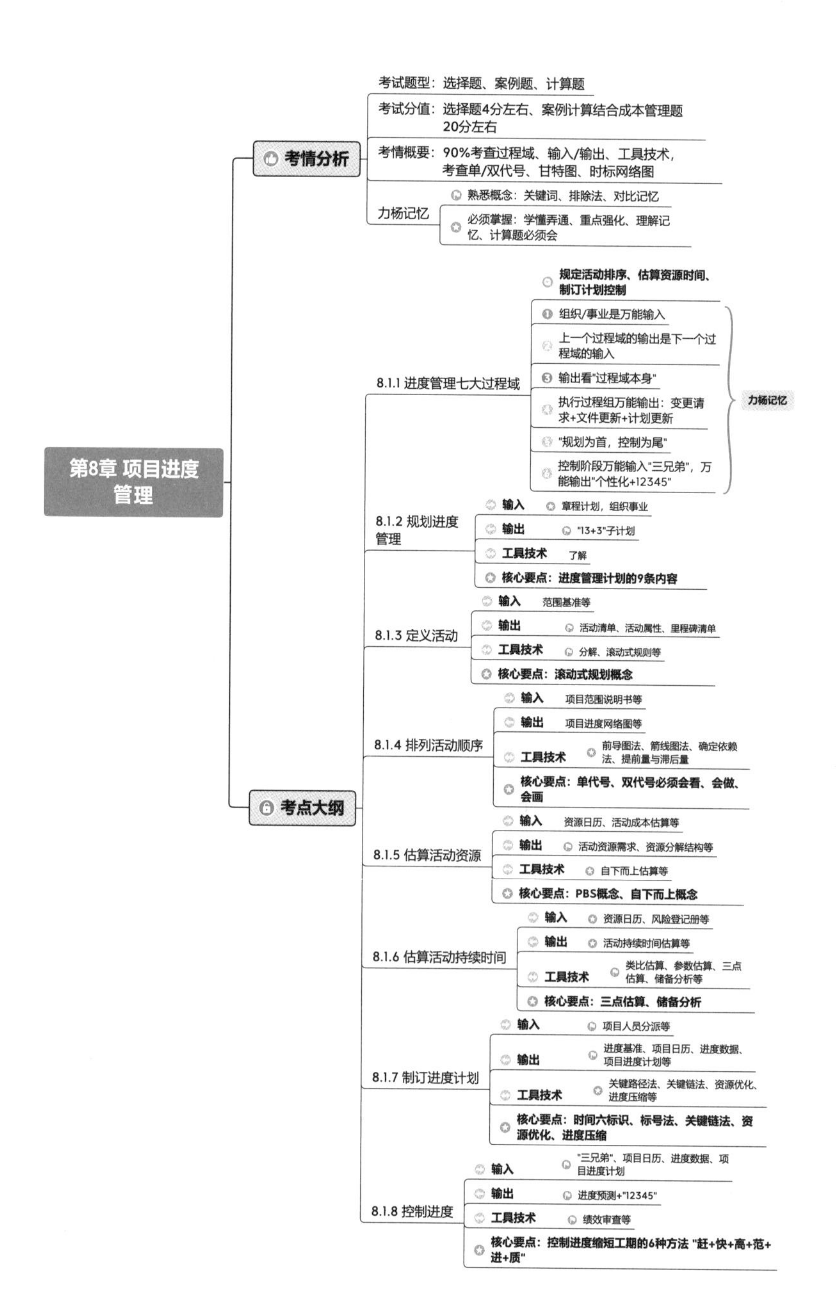
第8章 项目进度管理
考情分析
考试题型：选择题、案例题、计算题
考试分值：选择题4分左右、案例计算结合成本管理题20分左右
考情概要：90%考查过程域、输入/输出、工具技术，考查单/双代号、甘特图、时标网络图
力杨记忆
熟悉概念：关键词、排除法、对比记忆
必须掌握：学懂弄通、重点强化、理解记忆、计算题必须会
考点大纲
8.1.1 进度管理七大过程域
规定活动排序、估算资源时间、制订计划控制
组织/事业是万能输入
上一个过程域的输出是下一个过程域的输入
输出看"过程域本身"
执行过程组万能输出：变更请求+文件更新+计划更新
"规划为首，控制为尾"
控制阶段万能输入"三兄弟"，万能输出"个性化+12345"
力杨记忆
8.1.2 规划进度管理
输入
章程计划，组织事业
输出
"13+3"子计划
工具技术
了解
核心要点：进度管理计划的9条内容
8.1.3 定义活动
输入
范围基准等
输出
活动清单、活动属性、里程碑清单
工具技术
分解、滚动式规则等
核心要点：滚动式规划概念
8.1.4 排列活动顺序
输入
项目范围说明书等
输出
项目进度网络图等
工具技术
前导图法、箭线图法、确定依赖法、提前量与滞后量
核心要点：单代号、双代号必须会看、会做、会画
8.1.5 估算活动资源
输入
资源日历、活动成本估算等
输出
活动资源需求、资源分解结构等
工具技术
自下而上估算等
核心要点：PBS概念、自下而上概念
8.1.6 估算活动持续时间
输入
资源日历、风险登记册等
输出
活动持续时间估算等
工具技术
类比估算、参数估算、三点估算、储备分析等
核心要点：三点估算、储备分析
8.1.7 制订进度计划
输入
项目人员分派等
输出
进度基准、项目日历、进度数据、项目进度计划等
工具技术
关键路径法、关键链法、资源优化、进度压缩等
核心要点：时间六标识、标号法、关键链法、资源优化、进度压缩
8.1.8 控制进度
输入
"三兄弟"、项目日历、进度数据、项目进度计划
输出
进度预测+"12345"
工具技术
绩效审查等
核心要点：控制进度缩短工期的6种方法"赶+快+高+范+进+质"

8.1 学霸知识点

考情分析	选择题	案例题
	4分	必须掌握
力杨引言	引言：本章为项目进度管理，七大过程域是案例必考题，非常重要，涉及项目进度网络图。 学习建议：掌握项目进度网络图的绘制。	

8.1.1 进度管理七大过程域

七大过程域	进度管理核心要点	过程组
规划进度管理	制定政策、程序和文档以管理项目进度	计划
定义活动	识别和记录为完成项目可交付成果而需采取的具体行动	计划
排列活动顺序	识别和记录项目活动之间的关系	计划
估算活动资源	估算执行各项活动所需材料、人员、设备或用品的种类和数量	计划
估算活动持续时间	根据资源估算的结果，估算完成单项活动所需工期	计划
制订进度计划	分析活动顺序、持续时间、资源需求和进度制约因素，创建项目进度模型	计划
控制进度	监督项目活动状态、更新项目进展、管理进度基准变更，以实现计划	监控
力杨记忆：【规定活动排序、估算资源时间、制订计划控制】，6+1组合，涵盖计划+监控两大过程组		

8.1.2 规划进度管理

1. 输入/输出

（1）**输入：**项目章程、项目管理计划、组织过程资产、事业环境因素。【2022上】

（2）**输出：**项目进度管理计划。

（3）**工具技术：**会议、专家判断、分析技术等。

（力杨记忆：掌握“章程计划—组织事业”是规划阶段的万能输入，输出是“13+3子计划”）

2. 规划进度管理的内容及作用

（1）项目进度管理计划是项目管理计划的组成部分，项目进度管理过程及其相关的工具和技术应写入进度管理计划。

（2）主要作用是为在整个项目过程中管理、执行和控制项目进度提供指南和方向。

（3）根据项目需要，进度管理计划可以是正式或非正式的，非常详细或高度概括的。

（4）项目进度管理计划应包括合适的控制临界值，还可以规定如何报告和评估进度紧急情况。

3. 项目进度管理计划的内容

项目进度管理计划的内容包括项目进度模型制定、准确度、计量单位、组织程序衔接、项目进度模型维护、控制临界值、绩效测量规则、报告格式、过程描述。

8.1.3 定义活动

1. 输入 / 输出

（1）**输入：范围基准**、进度管理计划、组织过程资产、事业环境因素。

（2）**输出：**活动清单、活动属性、里程碑清单。【2021 下】

（3）**工具技术：**专家判断、分解、滚动式规划、头脑风暴法等。

（力杨记忆：输入是"范围基准"，上一个过程域的输出是下一个过程域的输入，子计划"进度管理计划"作为后续过程域的主要输入，"两清单属性"作为输出）

2. 定义活动的内容及作用

（1）范围管理中创建 WBS 过程已经识别出 WBS 中最底层的可交付成果，即工作包。

（2）为了更好地规划项目，工作包通常还应进一步细分为更小的组成部分，即活动。活动就是为完成工作包所需进行的工作，是实施项目时安排工作的最基本的工作单元。活动与工作包是**一对一或多对**一的关系，即有可能多个活动完成一个工作包。

（3）定义活动过程就是**识别和记录为完成项目可交付成果而需采取的所有活动**。

（4）主要作用是将工作包分解为活动，作为对项目工作进行估算、进度规划、执行、监督和控制的基础。【2021 上】

3. 活动清单

活动清单是一份包含项目所需的全部活动的综合清单。活动清单还**包括**每个活动的标识及工作范围详述，使项目团队成员知道需要完成什么工作（工作内容、目标、结果、负责人和日期）。每个活动都应该有一个**独特的名称**。

4. 活动属性

活动属性是活动清单中的活动描述的扩展。与里程碑不同，活动具有持续时间，活动需要在该持续时间内开展，而且还需要相应的资源和成本。**活动属性随时间演进**。

5. 里程碑清单

里程碑清单是项目中的重要时点或事件（某时刻：里程碑持续时间为零、**不消耗资源也不消耗成本**）。里程碑清单列出了所有项目里程碑，并指明每个里程碑是强制性的（如合同要求的）还是选择性的（如根据历史信息确定的）。里程碑清单为后期的项目控制提供了基础。

8.1.4 排列活动顺序

1. 输入 / 输出

（1）**输入：**活动清单、活动属性、里程碑清单、进度管理计划、项目范围说明书、事业环境因素。

（2）**输出：**项目进度网络图、项目文件更新（活动清单、活动属性、里程碑清单、风险登记册）。

（3）**工具技术：**确定依赖关系、前导图法、箭线图法、提前量与滞后量等。

（力杨记忆：上一个过程域的输出是下一个过程域的输入，子计划“进度管理计划”作为后续过程域的主要输入，“项目进度网络图”作为输出，工具技术很重要）

2. 排列活动顺序的内容及作用

（1）排列活动顺序是识别和记录项目活动之间的关系的过程。

（2）主要作用是定义工作之间的逻辑顺序，以便在既定的所有项目制约因素下获得最高的效率。

（3）除首尾两项活动之外，每项活动和每个里程碑都至少有一项紧前活动和一项紧后活动。

（4）排序可以由**项目管理软件、手动或者自动化工具**来完成。

8.1.5 估算活动资源

1. 输入 / 输出

（1）**输入：**进度管理计划、活动清单、活动属性、资源日历、风险登记册、活动成本估算、组织过程资产、事业环境因素。

（2）**输出：**活动资源需求、资源分解结构（RBS）、项目文件更新。

（3）**工具技术：**专家判断、备选方案分析、发布的估算数据、自下而上估算、项目管理软件等。

（力杨记忆：重点看输出，输入了解即可，子计划“进度管理计划”、前述过程域的输出等作为后续过程域的主要输入，“活动资源需求”作为输出，同时也是规划人力资源管理的输入，输出是“过程域本身”）

2. 估算活动资源的内容及作用

（1）估算活动资源是估算执行各项活动所需的材料、人员、设备或用品的种类和数量的过程。

（2）主要作用是明确完成活动所需的资源种类、数量和特性，以便做出更准确的成本和持续时间估算。

（3）估算活动资源过程与估算成本过程紧密相关。

8.1.6 估算活动持续时间

1. 输入 / 输出

（1）**输入：**进度管理计划、活动清单、活动属性、**活动资源需求**、**资源分解结构**、资源日历、项目范围说明书、风险登记册、组织过程资产、事业环境因素。

（2）**输出：**活动持续时间估算、项目文件更新。

（3）**工具技术：**专家判断、类比估算、参数估算、三点估算、储备分析、群体决策技术等。

（力杨记忆：重点看输出，输入了解即可，核心是工具技术，子计划“进度管理计划”、前述过程域的输出等作为后续过程域的主要输入，输出是“过程域本身”）

2. 估算活动持续时间的内容及作用

（1）估算活动持续时间是根据资源估算的结果，估算完成单项活动所需工作时段数的过程。

（2）主要作用是确定完成每个活动所需花费的时间量，为制订进度计划过程提供主要输入。

（3）估算活动持续时间依据的信息包括活动工作范围、所需资源类型、估算的资源数量和资源日历。

（4）应该把活动持续时间估算所依据的全部数据与假设都记录下来。

8.1.7 制订进度计划

1. 输入/输出

（1）**输入：**进度管理计划、活动清单、活动属性、项目进度网络图、活动资源需求、资源分解结构、**活动持续时间估算**、资源日历、项目人员分派、项目范围说明书、风险登记册、组织过程资产、事业环境因素。

（2）**输出：进度基准、进度数据、项目日历、项目进度计划**、项目文件更新、项目管理计划更新。

（3）**工具技术：**关键链法、进度压缩、关键路径法、资源优化技术、**进度网络分析**、建模技术、提前量与滞后量、进度计划编制工具等。

（力杨记忆：重点看输出，输入了解即可，核心是工具技术，子计划“进度管理计划”、前述过程域的输出等作为后续过程域的主要输入，区分“资源日历是输入、项目日历是输出”）

2. 制订进度计划的内容及作用

（1）制订进度计划是分析活动顺序、持续时间、资源需求和进度制约因素，创建项目进度模型的过程。

（2）主要作用是把活动、持续时间、资源、资源可用性和逻辑关系代入进度规划工具，从而形成包含各个项目活动的计划日期的进度模型。

（3）制订**可行的项目进度计划**，往往是一个反复进行的过程。

（4）经批准的最终进度计划将作为基准用于控制进度过程。

8.1.8 控制进度

1. 输入/输出

（1）**输入：项目日历、进度数据、项目进度计划**、项目管理计划、工作绩效数据、组织过程资产。

（2）**输出：进度预测**、变更请求、工作绩效信息、项目文件更新、项目管理计划更新、组织过程资产更新。

（3）**工具技术：**绩效审查（趋势分析、关键路径法、关键链法、挣值管理）、进度压缩、项目管理软件、资源优化技术、建模技术、提前量与滞后量、进度计划编制工具等。【2022 上】

（力杨记忆：“项目管理计划＋工作绩效数据＋组织过程资产”是控制阶段的万能输入，上一个过程域的输出是下一个过程域的输入，个性化输出“进度预测”＋“12345”五大控制阶段是万能输出，“进度预测”是监控项目工作的输入）

2. 控制进度的内容及作用

（1）控制进度是监督项目活动状态、更新项目进展、管理进度基准变更，以实现计划的过程。

（2）主要作用是提供发现计划风险偏高的方法，从而可以及时采取纠正和预防措施，以降低风险。

（3）进度基准的任何变更都必须经过实施整体变更控制过程的审批，控制进度是实施整体变更控制过程的组成部分。

（4）有效项目进度控制的关键是**监控项目的实际进度**，需要及时、定期地将它与计划进度基准进行比较，并立即采取必要的纠偏措施。项目进度控制必须与其他变化控制过程紧密结合，并且贯穿于项目的始终。

3. 控制进度缩短活动工期的方法【2020 下・2021 上】

（1）赶工，投入更多的资源或增加工作时间，以缩短关键活动的工期。

（2）快速跟进，并行施工，以缩短关键路径的长度。

（3）使用高素质或经验更丰富的人员。

（4）在业主客户许可的前提下，减小活动范围或降低活动要求。

（5）改进方法或技术，以提高生产效率。

（6）加强质量管理，及时发现问题，减少返工，从而缩短工期。（力杨记忆：“赶快高范进质”需背诵）

8.1.9 进度管理总结及要点知识

1. 工具与技术

工具与技术	过程域	概　念
滚动式规划	进度→定义活动	一种迭代式规划技术，即**近期**要完成的工作在 WBS 最下层详细规划，而计划在**远期**完成的工作在 WBS 较高层粗略规划。是一种渐进的、明细的规划方式，项目团队得以逐步完善规划

续表

工具与技术	过程域	概　念
确定依赖关系	进度→排列活动顺序	① **强制性依赖关系**：法律或合同要求的或工作的内在性质决定的依赖关系。 ② **选择性依赖关系**：首选逻辑关系、优先逻辑关系或软逻辑关系，基于具体应用领域的最佳实践或者是基于项目的某些性质而设定。 ③ **外部依赖关系**：是项目活动与非项目活动之间的依赖关系，往往不在项目团队的控制范围内。 ④ **内部依赖关系**：是项目活动之间的依赖关系，通常在项目团队的控制之中。 **四种组合**：强制性外部依赖关系、强制性内部依赖关系【2021 下】、选择性外部依赖关系、选择性内部依赖关系
自下而上估算	进度→估算活动资源	一种估算项目持续时间或成本的方法，通过从下到上逐层汇总 WBS 组件的估算而得到项目估算
建模技术	进度→制订进度计划和控制进度	**假设情景分析**：对各种情景进行评估，预测它们对项目目标的影响。 **模拟（蒙特卡洛分析）**：基于多种不同的活动假设计算出多种可能的项目工期

2. 类比估算与参数估算的区别

类 比 估 算	参 数 估 算
类比估算适合评估一些与历史项目在应用领域、环境和复杂度等方面相似的项目，通过新项目与历史项目的比较得到规模估计	参数估算是一种基于历史数据和项目参数，使用某种算法来计算成本或工期的估算技术【2020 上】
估计结果的精度取决于历史项目数据的完整性和准确度（**准确度可能较低**）。类比估算既可以针对整个项目，也可以针对项目中的某个部分	参数估算的准确性取决于参数模型的成熟度和基础数据的可靠性

3. 储备分析

应 急 储 备	管 理 储 备
用来应对已经接受的已识别风险，**以及已经制定应急或减轻措施的已识别风险**	为了管理控制的目的而特别留出的项目预算，用来应对项目范围中不可预见的工作
“已知—未知”	**“未知—未知”**
包含在成本基准内的一部分预算	**不包括在成本基准中，但属于项目总预算和资金需求的一部分。当动用管理储备资助不可预见的工作时，就要把动用的管理储备增加到成本基准中，从而导致成本基准变更**【2020 上】
成本基准是**经批准的**按时间安排的成本支出计划，随时反映经批准的项目成本变更（所增加或减少的资金数目），被用于度量和监督项目的实际执行成本	

4. 前导图法（PDM）

（1）单代号网络图或活动节点图（AON），每项活动有唯一的活动号，每项活动都注明了预计工期。

（2）最早开始时间（ES）；最早完成时间（EF）；最迟开始时间（LS）；最迟完成时间（LF）；EF=ES+工期；LS=LF−工期。

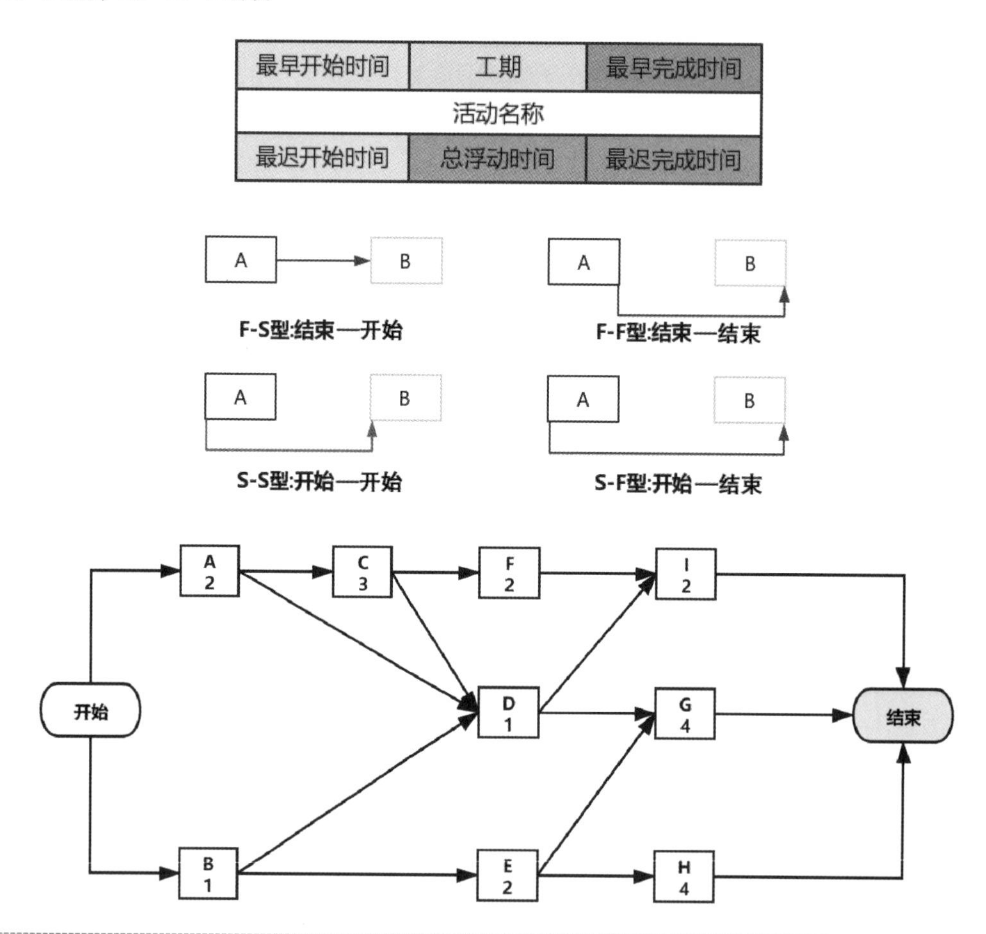

【课堂演练】

某公司计划上线一套新的 OA 办公系统，存在新旧系统切换问题，项目经理小王在设置项目进度网络图时，新系统上线和旧系统下线应设置为（　　）。

A. F-S 型　　B. F-F 型　　C. S-F 型　　D. S-S 型

参考答案：C

5. **箭线图法**（ADM）

（1）双代号网络图或活动箭线图（AOA），每一个活动和每一个事件都必须有唯一的一个代号，即网络图中不会有相同的代号。

（2）任意两项活动的紧前事件和紧后事件代号至少有一个不相同，**节点代号沿箭线方向越来越大**。

（3）流入（流出）同一节点的活动，均有共同的紧后活动（或紧前活动）。

（4）虚活动不消耗时间，也不消耗资源，只是为了弥补箭线图在表达活动依赖关系方面的不足。

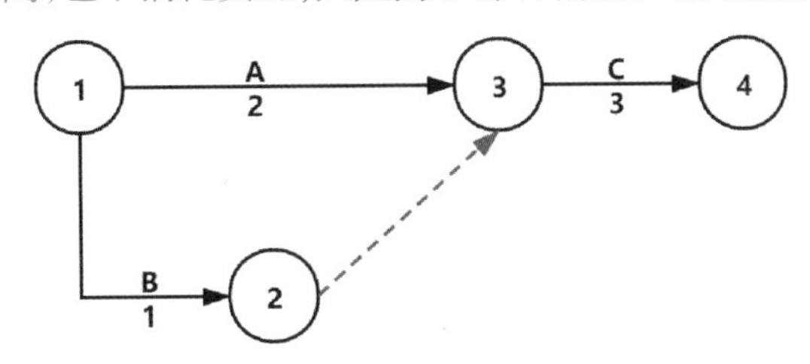

6. **提前量与滞后量**

（1）提前量是相对于紧前活动，紧后活动可以提前的时间量。在进度规划软件中，提前量往往表示为负数。

（2）滞后量是相对于紧前活动，紧后活动需要推迟的时间量。在进度规划软件中，滞后量往往表示为正数。

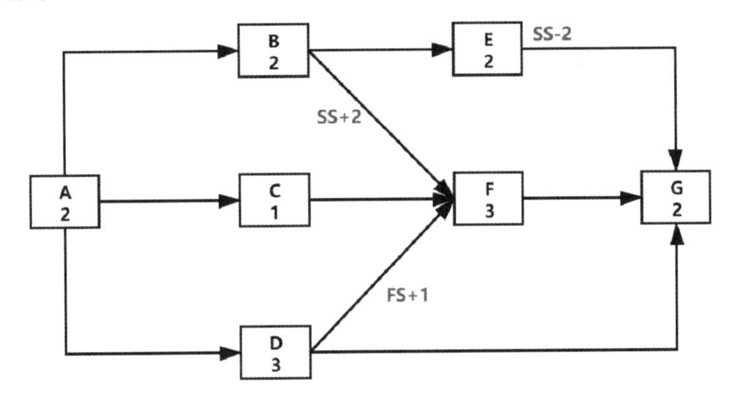

7. **关键路径法**（CPM）

（1）CPM 的关键是计算总时差，这样可决定哪一个活动有最小时间弹性。

（2）CPM 的核心思想是将 WBS 分解的活动按逻辑关系加以整合，统筹计算出整个项目的工期和关键路径。

（3）通过**正向计算**（从第一个活动到最后一个活动）推算出最早完工时间（**取大**）、通过

反向计算（从最后一个活动到第一个活动）推算出最晚完工时间（**取小**）。

（4）**最早开始时间和最晚开始时间相等的活动称为关键活动，关键活动串联起来的路径称为关键路径**。

（5）关键路径上的活动的总浮动时间和自由浮动时间都为 0。

（6）进度网络图中可能有**多条关键路径**。关键路径是项目中时间最长的活动顺序、决定着可能的项目最短工期。

8. 总浮动时间

总浮动时间是指在不延误项目完工时间且不违反进度制约因素的前提下，活动可以从最早开始时间推迟或拖延的时间量，就是该活动的进度灵活性。其计算方法为：本活动的最迟完成时间减去本活动的最早完成时间，或者本活动的最迟开始时间减去本活动的最早开始时间。正常情况下，关键活动的总浮动时间为 0。

9. 自由浮动时间

自由浮动时间是指在不延误任何紧后活动的最早开始时间且不违反进度制约因素的前提下，活动可以从最早开始时间推迟或拖延的时间量。其计算方法为：紧后活动最早开始时间的最小值减去本活动的最早完成时间。

【课堂演练】

下图是某项目的箭线图（时间单位为“周”），其关键路径是（　　），工期是（　　）周，活动 3 的自由浮动时间是（　　）。

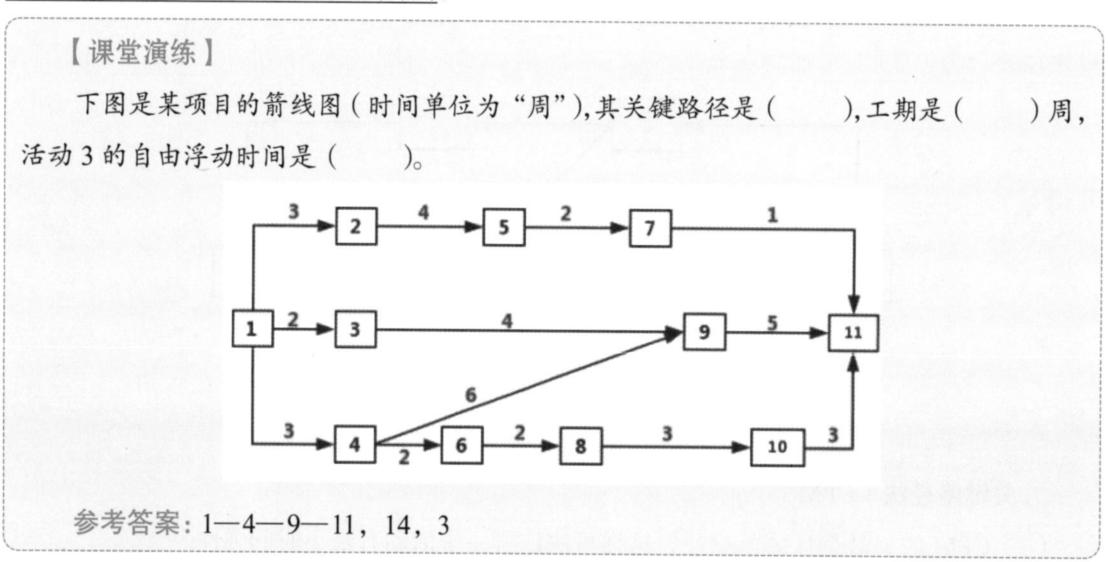

参考答案：1—4—9—11，14，3

10. 关键链法（CCM）

CCM 增加了作为“非工作活动”的持续时间缓冲，用来应对不确定性。【2021 上】

（1）项目缓冲放置是在关键链末端的缓冲，用来保证项目不因关键链的延误而延误。

（2）接驳缓冲放置在非关键链与关键链的接合点，用来保护关键链不受非关键链延误的影响。

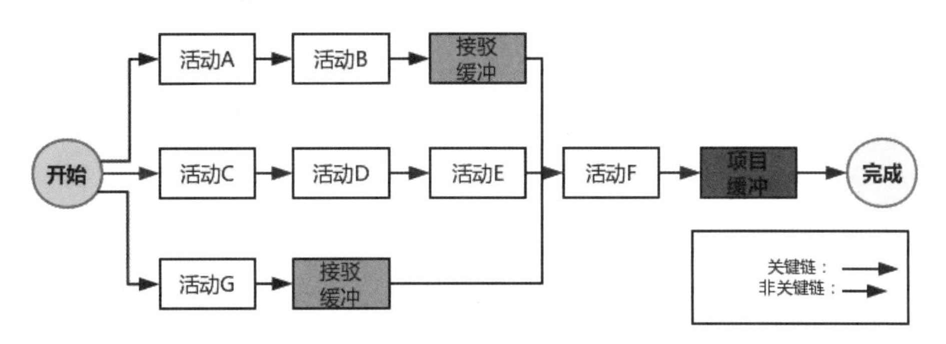

11. **进度压缩**

扫一扫，看视频

（1）**赶工：**通过**增加资源**，以最低的增加成本来压缩进度工期的一种技术。只适用于那些通过增加资源就能缩短持续时间的，且位于关键路径上的活动。赶工并非总是切实可行的，它可能导致风险和（或）成本的增加。【2022 上】

（2）**快速跟进：**一种进度压缩技术，将正常情况下按顺序进行的活动或阶段改为至少是部分并行开展。只适用于能够通过并行活动来缩短项目工期的情况。快速跟进可能造成返工和增加风险。【2021 下】

12. **计划评审技术**（PERT）

（1）PERT 又称为三点估算技术，其理论基础是假设项目持续时间，以及整个项目的完成时间是随机的，且服从某种概率分布。

（2）PERT 可以估计整个项目在某个时间内完成的概率。【2020 下・2021 上・2021 下】

时间类型	缩　写	概　念
乐观时间	OT	任何事情都顺利的情况下，完成某项工作的时间
最可能时间	MT	正常情况下，完成某项工作的时间
悲观时间	PT	最不利的情况下，完成某项工作的时间

（3）活动时间估计。

每个活动的期望 t_i 的计算公式如下：

$$t_i = \frac{a_i + 4m_i + b_i}{6} = \frac{乐观时间 + 4\times 最可能时间 + 悲观时间}{6}$$

第 i 项活动的持续时间方差的计算公式如下：

$$\sigma_i^2 = \frac{(b_i - a_i)^2}{36}$$

第 i 项活动的持续时间标准差的计算公式如下：

$$\sigma_i = \frac{b_i - a_i}{6}$$

【课堂演练】

某公司组织专家对项目可持续时间进行评估，得到如下结论：最可能时间为 10 小时，最乐观时间为 8 小时，最悲观时间为 12 小时，那么采用“三点估算法”估算该项目时间为(　　)小时。

参考答案：10

13. 资源优化技术

资 源 平 衡	资 源 平 滑
资源平衡往往导致关键路径改变，通常是延长【2021 下】	资源平滑不会改变项目关键路径，完工日期也不会延迟
如果共享资源或关键资源只在特定时间可用，数量有限，或被过度分配，如一个资源在同一时间段内被分配两个或多个活动，就需要进行资源平衡	活动只在其自由浮动时间和总浮动时间内延迟。资源平滑技术可能无法实现所有资源的优化

【课堂演练】

已知某信息工程项目由 A、B、C、D、E、G、H、I 八个活动构成，项目工期要求为 100 天。项目组根据初步历时估算、各活动间逻辑关系得出的初步进度计划网络图如下图所示（箭线下方为活动历时）。

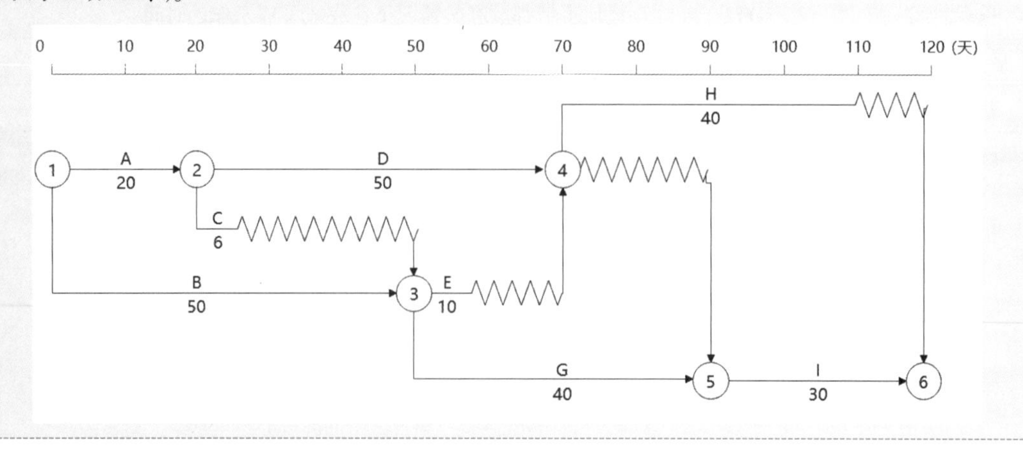

问题:

1. 请给出该项目初步进度计划的关键路径和工期。

参考答案:关键路径为B—G—I,工期为120天。

2. 该项目进度计划需要压缩多少天才能满足工期要求?可能需要压缩的活动都有哪些?

参考答案:实际工期为120天,计划工期为100天,因此需要压缩20天。

所有路径:A—D—H的工期为110天,A—D—I的工期为100天,A—C—E—H的工期为76天,A—C—E—I的工期为66天,B—E—H的工期为100天,B—E—I的工期为90天,BGI的工期为120天。因此可能需要压缩的活动为A、B、D、G、H、I。

3. 若项目组将活动B和H均压缩至30天,是否可满足工期要求?压缩后项目的关键路径有多少条?关键路径上的活动是什么?

参考答案:可以满足工期要求,压缩后的项目的关键路径有3条,分别是A—D—H、A—D—I、B—G—I。

【课堂演练】

下图是某项目的网络图(时间单位为“周”),其关键路径是(　　),工期是(　　)周,活动C的总浮动时间为(　　)周。

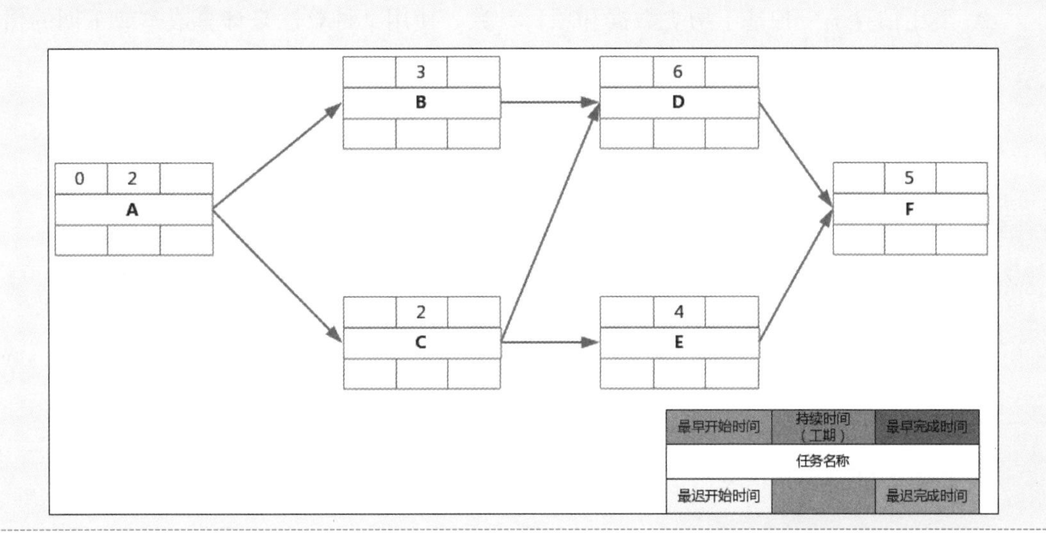

力杨解析：

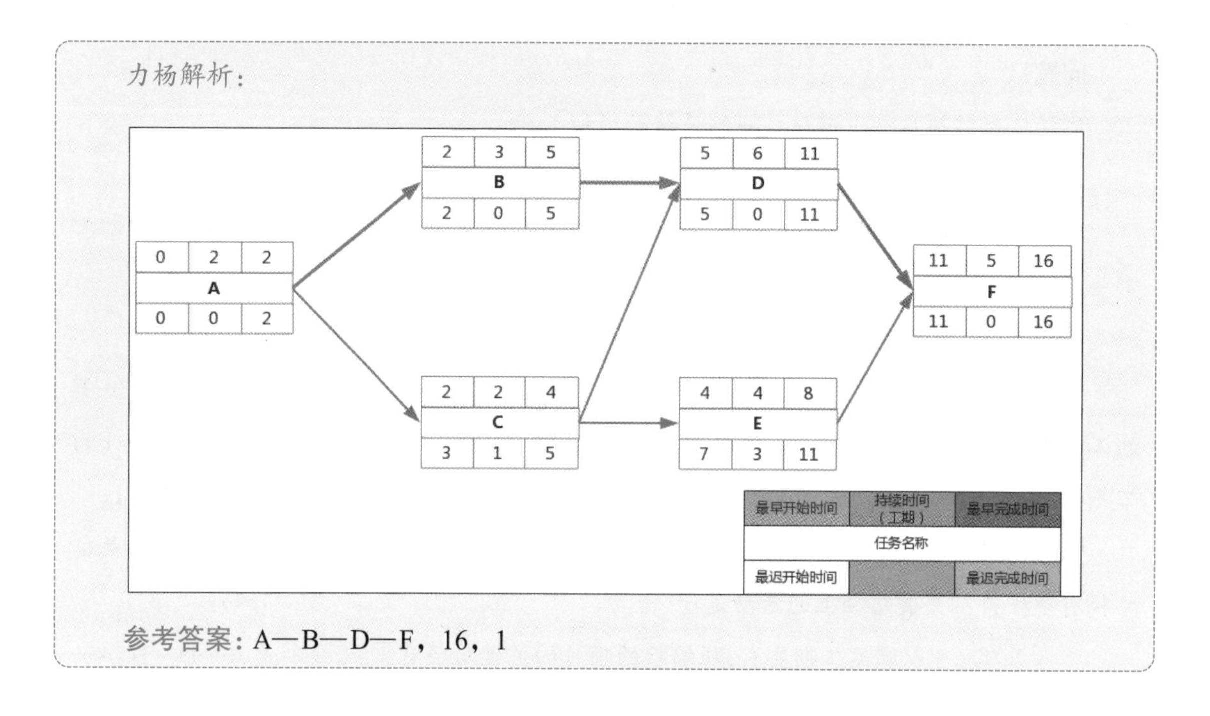

参考答案：A—B—D—F，16，1

8.2 学霸演练

一、选择题

1. 关于进度管理的工具与技术的说法正确的是（　　）。

A. 类比估算是一种基于历史数据和项目参数，使用某种算法来计算成本或工期的估算技术

B. 类比估算准确度较高，既可以针对整个项目，也可以针对项目中的某个部分

C. 管理储备不包括在成本基准中，但属于项目总预算和资金需求的一部分

D. CPM 法的关键是计算总时差，这样可决定哪一个活动有最大时间弹性

2. 项目进度管理经常采用箭线图法（ADM），以下关于 ADM 的说法正确的是（　　）。

A. 流出的同一节点的活动，均有共同的紧后活动

B. ADM 图中可以有多条关键路径，不同路径的工期不同

C. 虚活动不消耗时间，但消耗资源

D. 自由浮动时间是指紧后活动最早开始时间的最小值减去本活动最早完成时间

3. 某项目预计最快 10 天完成，最慢 38 天完成，但根据以往经验判断可能需要 21 天才能完成，公司要求的计划工期是 18 天完成，此时，应在计划中增加（　　）天应急时间方可符合项目实际工期。

A. 4　　B. 6　　C. 8　　D. 22

4. 某信息系统软件项目各个开发阶段工作量的比例见下表，假设当前已处于编码阶段，3000 行程序完成了 1000 行，则可估算出该软件项目开发进度已完成的百分比是（　　）。

需求分析	概要设计	详细设计	编码	测试
25%	15%	16%	30%	14%

A. 30%　　B. 56%　　C. 66%　　D. 86%

5. 进度网络图如下所示，若节点 0 和节点 7 分别表示首尾活动，则关键路径应为（　　），工期为（　　）。

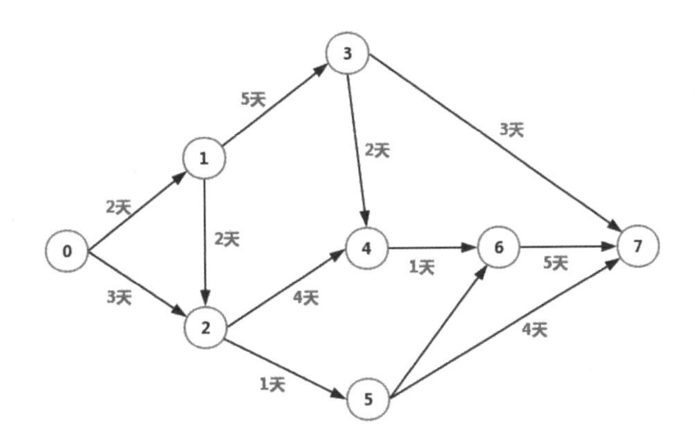

6. 进度网络图如下所示，从 A 到 J 的关键路径应为（　　），工期为（　　），I 活动的最早开始时间为（　　）。

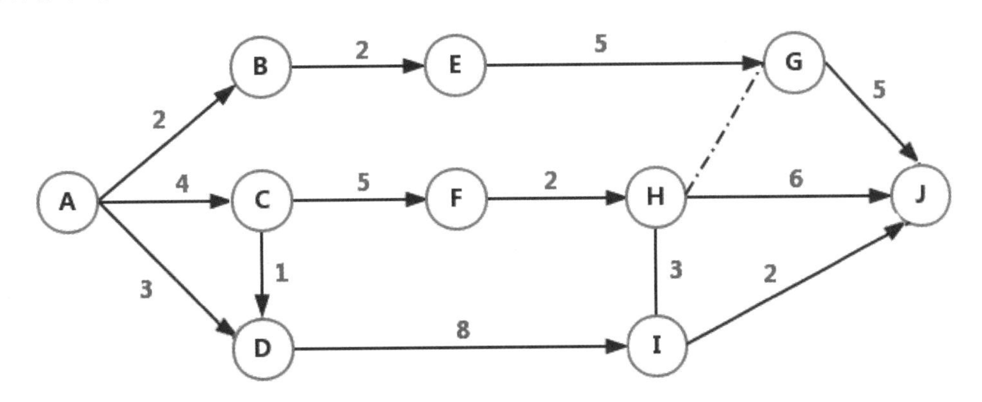

7. 下图中，活动 I 可以拖延（　　）天而不会影响项目的最晚结束时间。

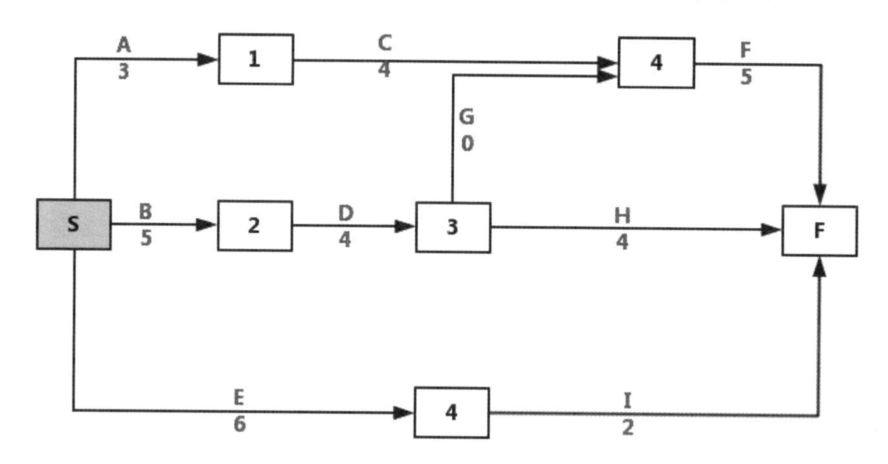

8. 下图中，若由于暴雨等不可抗力因素导致活动 3—7 的工期延后 4 天，那么总工期可以延后（　　）天。

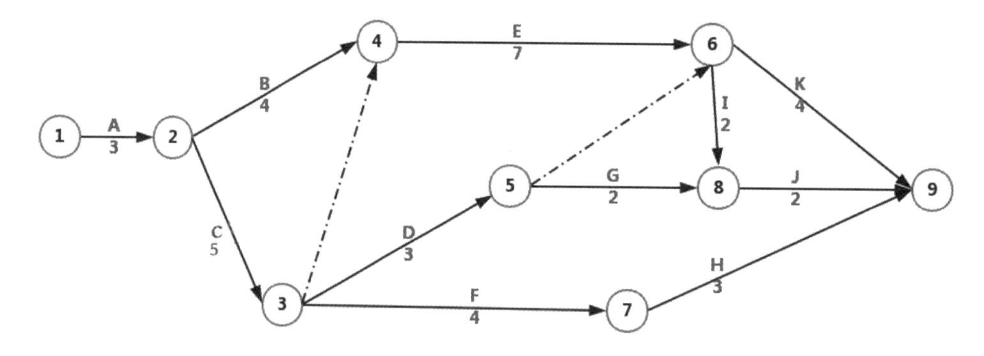

二、案例题

【进度管理】案例分析一

张工是负责某公司 ERP 项目的项目经理，有多年从事 ERP 项目管理的经验，张工为了更好地对项目的进度进行管理，对每项工作的历时进行了自上而下估算，并列出了各项工作间的依赖关系，项目组成员依据进度管理计划、进度基准、资源日历、资源分解结构、进度数据等共同努力制订了进度计划。进度计划见下表。

各项工作间的依赖关系和历时					
工作代号	工作时间 / 天	紧前工作	工作代号	工作时间 / 天	紧前工作
A	15	—	H	30	G
B	20	A	I	30	H

续表

各项工作间的依赖关系和历时					
工作代号	工作时间 / 天	紧前工作	工作代号	工作时间 / 天	紧前工作
C	15	B	J	20	B
D	30	C	K	40	J
E	20	D	L	10	K、D
F	10	E	M	20	I、L
G	30	B	N	15	M、F

【问题 1】请说出案例背景中有何不妥并简述理由。(2 分)

【问题 2】请绘制该项目的双代号网络计划图。(8 分)

【问题 3】经过对初步的计划进行分析后发现，项目工作之间需要补充下述两个约束条件。(8 分)

(1) A 工作在开始了 10 天之后，B 工作便可开始。

(2) I 工作在完成 10 天之后，M 工作才可以完成。

请在已经给出的单代号网络计划图的基础上补充上述关系的限制约束条件，并补充各项工作的最早开始时间、最早完成时间、最迟开始时间、最迟完成时间、总浮动时间。

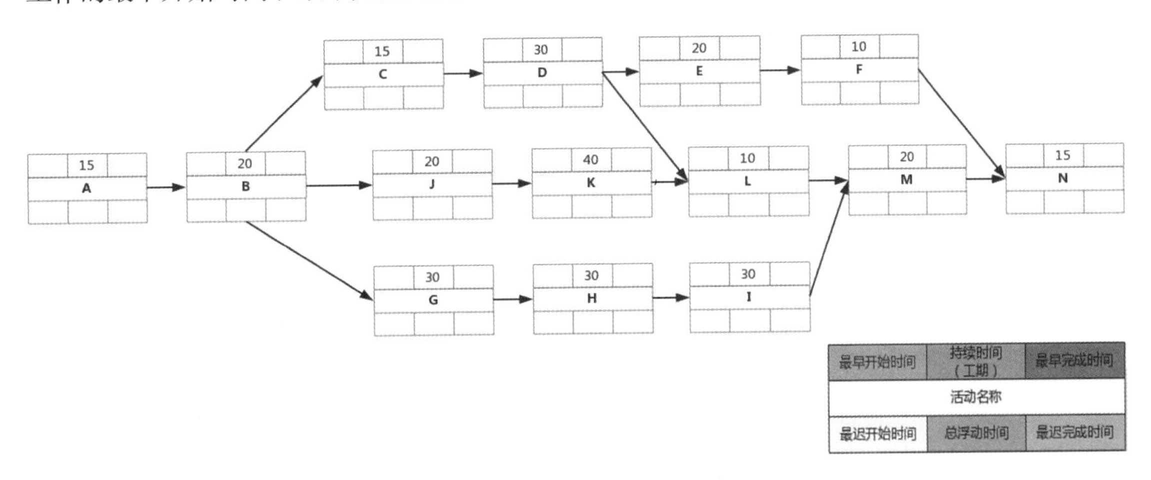

【问题 4】请根据问题 3 的单代号网络图，用双线或粗线标注该项目的关键路径。（2 分）

【进度管理】案例分析二

小王是负责某项目的项目经理。经过工作分解后，此项目的范围已经明确，但是为了更好地对项目进行管理，经过分析，小王得到了一张表明工作先后关系及每项工作初步时间估计的工作表，见下表。

各项工作间的依赖关系和历时					
工作代号	工作时间 / 天	紧前工作	工作代号	工作时间 / 天	紧前工作
A	5	—	E	5	C
B	2	A	F	10	D
C	8	A	G	15	D、E
D	10	B、C	H	10	F、G

【问题 1】请根据上表完成此项目的前导图（单代号网络图），表明各活动之间的逻辑关系，并指出关键路径和项目工期。节点用下图标识。（10 分）

ES	DU	EF
	ID	
LS	TF	LF

图例

ES：最早开始时间

EF：最早结束 / 完成时间

LS：最迟 / 晚开始时间

LF：最迟 / 晚完成时间

TF：总时差 / 总浮动时间

FF：自由时差 / 自由浮动时间

ID：工作代号

DU：工作历时

【问题 2】请分别计算工作 B、C 和 E 的自由浮动时间。（6 分）

【问题3】为了赶进度，在进行工作G时加班赶工，因此将该项工作的时间压缩了7天（工作历时8天）。请指出关键路径，并计算工期。（4分）

【问题4】请根据你掌握的知识说明采取哪些措施可以缩短活动工期。（6分）

参考答案：

一、选择题

1. C。力杨解析：A选项是“参数估算”概念；B选项估算结果的精度取决于历史项目数据的完整性和准确度（**准确度可能较低**）。类比估算既可以针对整个项目，也可以针对项目中的某个部分；D选项应为“最小时间弹性”。

2. D。力杨解析：A选项流出的同一节点的活动，均有共同的紧前活动；B选项关键路径的工期相同；C选项虚活动不消耗时间，也不消耗资源。

3. A。力杨解析：三点估算，应为22天，22−18=4（天）。

4. C。力杨解析：进度比例 =0.25+0.15+0.16+0.3×（1000÷3000）=0.66，即66%。

5. 0—1—3—4—6—7，15天。

6. A—C—F—H—J，17天，14天。

7. 6。**因为I不在关键路径，所以可以拖延**6天。

8. 0。

二、案例题

案例分析一

【问题1】力杨解析

（1）自上而下估算不妥，活动历时以及成本估算应采取自下而上逐层汇总的方法。

（2）依据进度基准、进度数据制订进度计划不妥。理由：进度基准、进度数据属于制订进度计划的输出。

【问题2】力杨解析

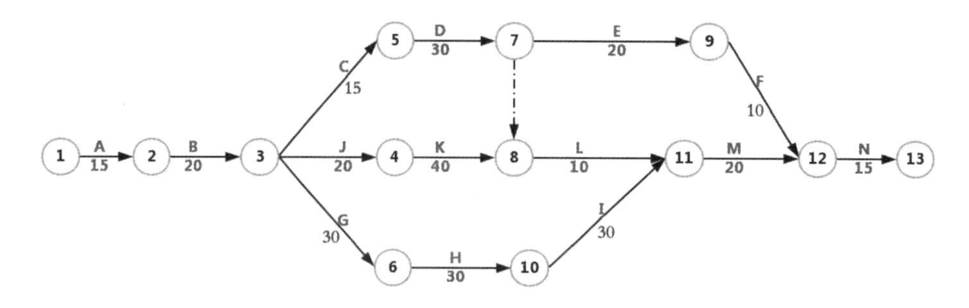

【问题 3】力杨解析

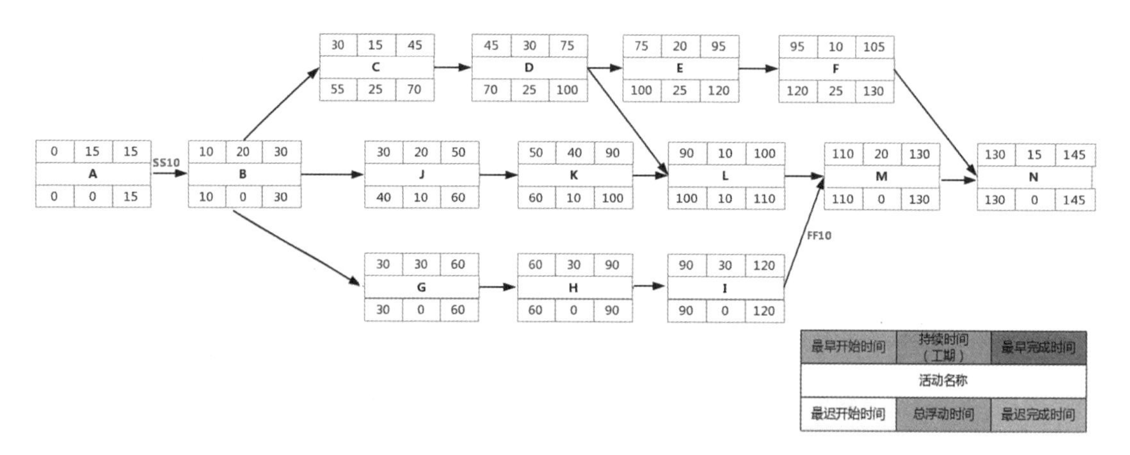

【问题 4】力杨解析

关键路径：A—B—G—H—I—M—N。

案例分析二

【问题 1】力杨解析

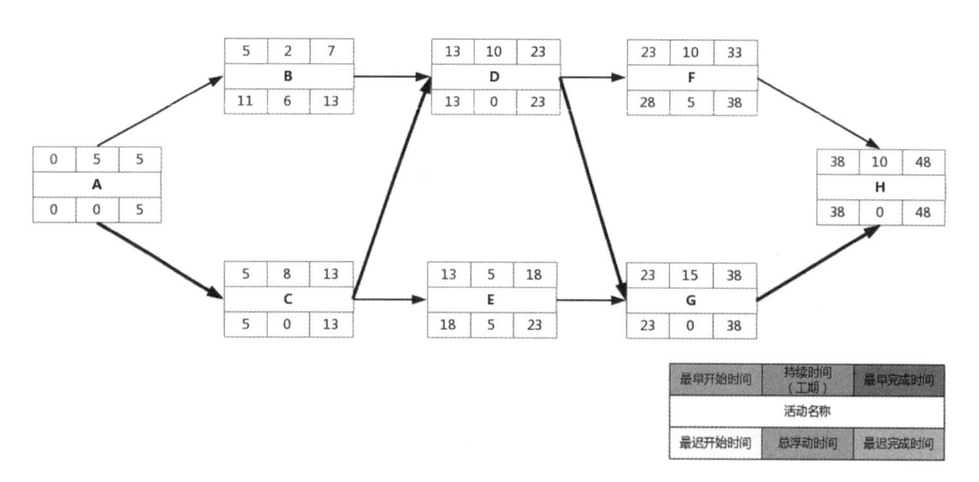

关键路径：A—C—D—G—H。

工期：48天。

【问题2】力杨解析

B的自由浮动时间：6天。

C的自由浮动时间：0天。

E的自由浮动时间：5天。

【问题3】力杨解析

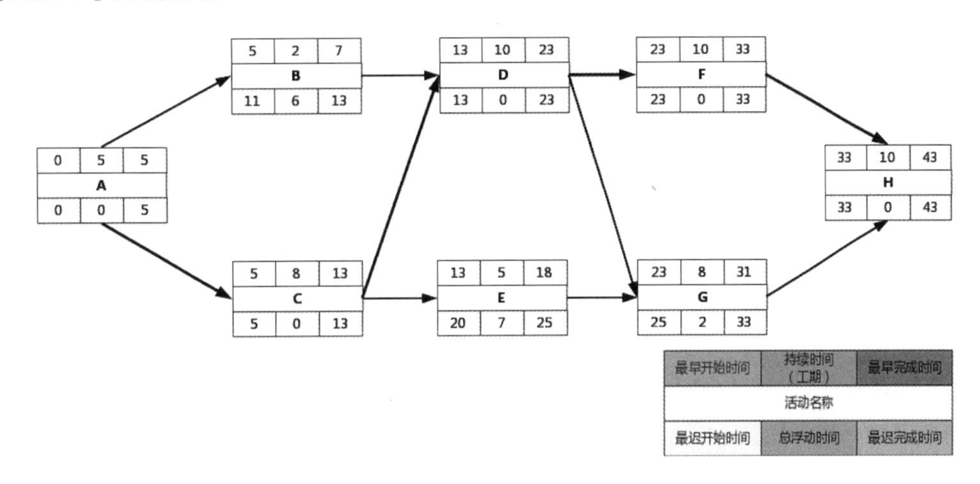

关键路径：A—C—D—F—H。

工期：5+8+10+10+10=43（天）。

【问题4】力杨解析

“赶”“快”“高”“范”“进”“质”。

（1）赶工，投入更多的资源或增加工作时间，以缩短关键活动的工期。

（2）快速跟进，并行施工，以缩短关键路径的长度。

（3）使用高素质或经验更丰富的人员。

（4）在业主客户许可的前提下，减小活动范围或降低活动要求。

（5）改进方法或技术，以提高生产效率。

（6）加强质量管理，及时发现问题，减少返工，从而缩短工期。

第 9 章　项目成本管理

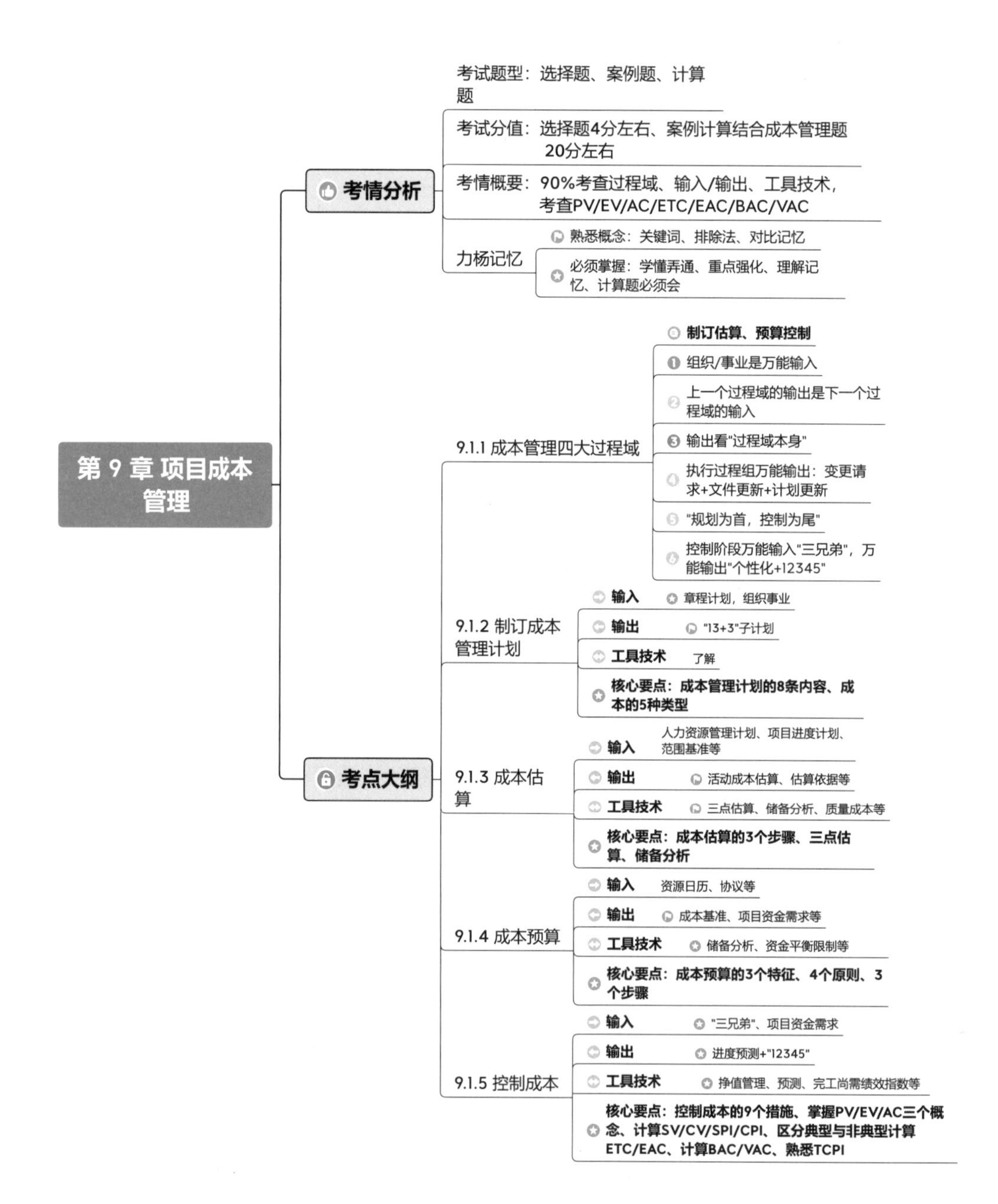

第 9 章 项目成本管理
考情分析
考试题型：选择题、案例题、计算题
考试分值：选择题4分左右、案例计算结合成本管理题20分左右
考情概要：90%考查过程域、输入/输出、工具技术，考查PV/EV/AC/ETC/EAC/BAC/VAC
力杨记忆
熟悉概念：关键词、排除法、对比记忆
必须掌握：学懂弄通、重点强化、理解记忆、计算题必须会
考点大纲
9.1.1 成本管理四大过程域
制订估算、预算控制
组织/事业是万能输入
上一个过程域的输出是下一个过程域的输入
输出看"过程域本身"
执行过程组万能输出：变更请求+文件更新+计划更新
"规划为首，控制为尾"
控制阶段万能输入"三兄弟"，万能输出"个性化+12345"
9.1.2 制订成本管理计划
输入
章程计划，组织事业
输出
"13+3"子计划
工具技术
了解
核心要点：成本管理计划的8条内容、成本的5种类型
9.1.3 成本估算
输入
人力资源管理计划、项目进度计划、范围基准等
输出
活动成本估算、估算依据等
工具技术
三点估算、储备分析、质量成本等
核心要点：成本估算的3个步骤、三点估算、储备分析
9.1.4 成本预算
输入
资源日历、协议等
输出
成本基准、项目资金需求等
工具技术
储备分析、资金平衡限制等
核心要点：成本预算的3个特征、4个原则、3个步骤
9.1.5 控制成本
输入
"三兄弟"、项目资金需求
输出
进度预测+"12345"
工具技术
挣值管理、预测、完工尚需绩效指数等
核心要点：控制成本的9个措施、掌握PV/EV/AC三个概念、计算SV/CV/SPI/CPI、区分典型与非典型计算ETC/EAC、计算BAC/VAC、熟悉TCPI

9.1 学霸知识点

考情分析	选择题	案例题
	4分	必须掌握
力杨引言	引言：本章为项目成本管理，四大过程域，案例计算必考，非常重要，涉及成本计算和偏差分析。学习建议：掌握挣值计算。	

9.1.1 成本管理四大过程域

四大过程域	成本管理核心要点	过程组
制订**成本管理计划**	**规划成本**，制定了项目成本结构、估算、预算和控制的标准	计划
成本估算	编制完成项目活动所需资源的大致成本	计划
成本预算	合计各个活动或工作包的估算成本，以建立**成本基准**	计划
控制**成本**	影响造成成本偏差的因素，控制项目预算的变更	监控
力杨记忆：【制定估算、预算控制】，3+1组合，涵盖计划+监控两大过程组		

9.1.2 制订成本管理计划

1. 输入/输出

（1）**输入：**项目章程、项目管理计划、组织过程资产、事业环境因素。

（2）**输出：**成本管理计划。

（3）**工具和技术：**会议、专家判断、分析技术等。

（力杨记忆：掌握“章程计划—组织事业”是规划阶段的万能输入，输出是“13+3子计划”）

2. 制订成本管理计划的内容及作用

（1）制订成本管理计划是制定项目成本结构、估算、预算和控制的标准。

（2）制订成本管理计划的主要作用是在整个项目中为如何管理项目成本提供指南和方向。

（3）成本管理计划是**项目管理计划的组成部分**（可以是正式的，也可以是非正式的，可以是非常详细的，也可以是概括性的），描述将如何规划、安排和控制项目成本。

（4）项目成本管理就是要确保在批准的预算内完成项目。【2021上】

3. **成本管理计划的内容**

精确等级、测量单位、组织程序衔接、控制临界值、挣值规则、报告格式、过程说明、其他细节等。【2020 上・2021 下・2022 上】

9.1.3 成本估算

1. **输入 / 输出**

（1）**输入：**成本管理计划、项目进度计划、人力资源管理计划、范围基准、风险登记册、组织过程资产、事业环境因素。

（2）**输出：活动成本估算、估算依据**、项目文件更新。

（3）**工具和技术：**专家判断、**类比估算、参数估算、自下而上估算、储备分析、质量成本**、项目管理软件、卖方投标分析、群体决策技术等。

（力杨记忆：“组织事业”是万能输入，上一个过程域的输出是下一个过程域的输入，子计划“成本管理计划”作为后续过程域的主要输入，输出是“过程域本身”）

2. **成本估算的内容及作用**

（1）成本估算是编制完成项目活动所需资源的大致成本。成本估算的准确性随着项目的进展而提高，在启动阶段，项目估算为粗略估算，估算范围为 –50%~100%，在项目后期，估算精度范围缩小到 –10%~15%。

（2）成本估算的主要作用是确定完成项目工作所需的成本数额。

（3）成本估算是在**某特定时点**，根据已知信息所做出的成本预测。

（4）活动成本估算是对完成项目工作可能需要的成本的量化估算。

（5）成本估算可以是汇总的或详细分列的。

（6）成本估算应该覆盖活动所使用的全部资源，包括（但不限于）直接人工、材料、设备、服务、设施、信息技术，以及一些特殊的成本种类，如融资成本（包括利息）、通货膨胀补贴、汇率或成本应急储备。

（7）如果间接成本也包含在项目估算中，则可在活动层次或更高层次上计列间接成本（管理成本、房屋租金、保险等非直接成本）。

3. **编制项目成本估算的主要步骤**

（1）**识别**并**分析**成本的构成科目。

（2）根据已识别的项目成本构成科目，**估算每一科目的成本**。

（3）**分析成本估算结果**，找出各种可以相互替代的成本，协调各种成本之间的比例关系。（力杨记忆：注意顺序）

9.1.4 成本预算

1. 输入 / 输出

（1）**输入：**成本管理计划、**估算依据**、**活动成本估算**、协议、范围基准、资源日历、风险登记册、项目进度计划、组织过程资产。

（2）**输出：成本基准**、项目资金需求、项目文件更新。

（3）**工具和技术：**专家判断、成本汇总、历史关系、储备分析、资源平衡限制。

（力杨记忆："组织事业"是万能输入，上一个过程域的输出是下一个过程域的输入，子计划"成本管理计划"作为后续过程域的主要输入，输出是成本基准）

2. 成本预算的内容及作用

（1）成本预算是合计各个活动或工作包的估算成本，以建立成本基准。

（2）成本预算的主要作用是确定成本基准，可据此监督和控制项目绩效。

（3）项目预算包括经批准用于项目的全部资金，成本基准是经过批准且按时间段分配的项目预算，但不包括管理储备，只有通过正式的变更控制程序才能变更，用作与实际结果进行比较的依据。【2021 下】

（4）成本基准是不同进度活动经批准的预算的总和；成本预算是将已批准的项目总的估算进行分摊。【2021 上】

【课堂演练】

项目经理在运行预算方案编制时，收集到的基础数据如下：工作包的成本估算为62万元；工作包的应急储备金为4万元；管理储备金为2万元。该项目的成本基准为（　　）万元。

参考答案：66

3. 项目成本预算的特征

（1）计划性：在项目计划中，尽量精确地将费用分配到 WBS 的每一个组成部分。

（2）约束性：预算分配的结果可能并不能满足所涉及的管理人员的利益要求，而表现为一种约束。

扫一扫，看视频

（3）控制性：项目预算的实质就是一种控制机制。

4. 储备分析

应急储备【2021 下】	管理储备【2021 下】
用来应对已经接受的已识别风险，**以及已经制定应急或减轻措施的已识别风险**	为了管理控制的目的而特别留出的项目预算，用来应对项目范围中不可预见的工作
"已知—未知"	**"未知—未知"**
包含在成本基准内的一部分预算	**不包括在成本基准中，但属于项目总预算和资金需求的一部分。当动用管理储备资助不可预见的工作时，就要把动用的管理储备增加到成本基准中，从而导致成本基准变更**
成本基准是经批准的按时间安排的成本支出计划，随时反映经批准的项目成本变更（所增加或减少的资金数目），被用于度量和监督项目的实际执行成本	

5. 编制成本预算遵循的原则

（1）项目成本预算要以项目需求为基础。

（2）项目成本预算要与项目目标相联系，必须同时考虑项目质量和进度等。

（3）项目成本预算要切实可行。

（4）项目成本预算应当留有弹性。

9.1.5 控制成本

1. 输入 / 输出

（1）**输入：**项目资金需求、项目管理计划、工作绩效数据、组织过程资产。

（2）**输出：成本预测**、变更请求、工作绩效信息、项目文件更新、项目管理计划更新、组织过程资产更新。

（3）**工具和技术：**预测、挣值管理（EVM）、储备分析、绩效审查、完工尚需绩效指数、项目管理软件等。

（力杨记忆："项目管理计划 + 工作绩效数据 + 组织过程资产"是控制阶段的万能输入，上一个过程域的输出是下一个过程域的输入，个性化输出"成本预测" + "12345"五大控制阶段是万能输出，"成本预测"是监控项目工作的输入）

2. 控制成本的内容及作用

（1）控制成本是监督项目状态，以更新项目成本，管理成本基准变更的过程。

（2）控制成本的主要作用是发现实际与计划的差异，以便采取纠正措施，降低风险。

（3）只有经过实施整体变更控制过程的批准，才可以增加预算。

（4）有效成本控制的关键在于，对经批准的成本基准及其变更进行管理。

（5）挣值管理：将范围基准、成本基准、进度基准整个形成**绩效基准**。

（6）成本失控原因：对工程项目认识不足、组织制度不健全、方法问题、技术的制约、需求管理不当。

扫一扫，看视频

3. 控制成本的措施

（1）对造成成本基准变更的因素施加影响。

（2）确保所有变更请求都得到及时处理。

（3）当变更实际发生时，管理这些变更。

（4）确保成本支出不超过批准的资金限额。

（5）监督成本绩效，找出并分析与成本基准间的偏差。

（6）对照资金支出，监督工作绩效。

（7）防止在**成本或资源使用报告**中出现未经批准的变更。

（8）向有关干系人报告所有经批准的变更及其相关成本。

（9）设法把预期的成本超支控制在可接受的范围内。

9.1.6　成本管理总结及要点知识

1. 工具与技术

工具与技术	过程域	概　　念
历史关系	成本→成本预算	有关变量之间可能存在一些可以进行参数估算或类比估算的历史关系；利用**项目特征（参数）**来建立数据模型，预测项目总成本
资金平衡限制	成本→成本预算	应该根据对项目资金的任何限制来平衡资金支出。可以通过在项目进度计划中添加强制日期来实现【2022 上】

2. 成本类型

扫一扫，看视频

（1）可变＋固定＋直接＋间接＋机会＋沉没成本。

（2）**直接成本与间接成本的区别**。

直 接 成 本	间 接 成 本
可以直接归属于项目工作的成本	来自一般管理费用科目或几个项目共同担负的项目成本所分摊给本项目的费用，就形成了项目的间接成本
项目团队差旅费、工资，项目使用的物料及设备使用费、应急储备金等【2021 下】	税金、额外福利（保险）和保卫费用、管理成本等【2021 下】

（3）**沉没成本**：一种历史成本，对现有决策而言是**不可控成本**，会在很大程度上影响人们的行为方式与决策，在**投资决策时**应排除沉没成本的干扰。【2022 上】

（4）**机会成本**：泛指一切在作出选择后其中一个最大的损失。

（5）**可变成本**：变动成本，随着生产量、工作量或时间而变的成本。

（6）**固定成本**：不随生产量、工作量或时间的变化而变化的非重复成本。

（7）具体的成本一般包括直接工时、其他直接费用、间接工时、其他间接费用以及采购价格。项目全过程所耗用的各种成本的总和为项目成本。（力杨记忆：重点区分直接成本、间接成本）

【课堂演练】

投资者赵某可以选择股票和储蓄存款两种投资方式。他于 2017 年 1 月 1 日用 2 万元购进某股票，一年后亏损了 500 元，如果当时他选择储蓄存款，一年后将有 480 元的收益。由此可知，赵某投资股票的机会成本为（　　）元。

参考答案：480

3. **挣值管理**

（1）**计划价值**（PV）：为计划工作分配的经批准的预算。不包括管理储备，项目的总计划值又被称为**完工预算**（BAC）。

（2）**挣值**（EV）：对已完成工作的测量值，用分配给该工作的预算来表示，EV 值不得大于相应组件的 PV 总预算。

（3）**实际成本**（AC）：在给定时间段内，执行某工作而实际发生的成本，是为完成与 EV 相对应的工作而发生的总成本。

偏差分析	表　示	概　念	公　式	结　果
进度偏差	SV	测量进度绩效的一种指标，表示为**挣值与计划价值之差**	SV=EV−PV	当 SV 为**正值**时，表示进度超前；当 SV 为**负值**时，表示进度延期；当 SV 为 0 时，**进度正好**
成本偏差	CV	在某个给定时间点的预算亏空或盈余量，表示为**挣值与实际成本之差**	CV=EV−AC	当 CV 为**正值**时，成本节支 / 节约；当 CV 为**负值**时，成本超支；当 CV 为 0 时，**成本正好**

续表

偏差分析	表示	概念	公式	结果
进度绩效指数	SPI	测量进度效率的一种指标，表示为**挣值与计划价值之比**	SPI=EV/PV	当 SPI>1 时，表示进度超前，即实际进度比计划进度快；当 SPI<1 时，表示进度延期，即实际成本比计划进度慢；当 SPI=1 时，表示实际进度等于计划进度
成本绩效指数	CPI	测量预算资源的成本效率，表示为**挣值与实际成本之比**	CPI=EV/AC	当 CPI>1 时，说明到目前成本有结余；当 CPI<1 时，说明已完成工作的成本超支；当 CPI=1 时，表示实际成本与挣值正好吻合

4. 预测

（1）**完工尚需估算** ETC。

① 假设将按预算单价完成 ETC 工作：ETC=BAC–EV，EAC=AC+ETC=AC+(BAC–EV)——**非典型**。（**不会再发生偏差，及时更正。**）

② 假设以当前 CPI 完成 ETC 工作：ETC=(BAC–EV)/CPI，EAC= AC+ETC =BAC/CPI——**典型**。（**继续发生偏差。**）

（2）**完工估算** EAC：EAC=AC+ETC。

（3）**完工偏差** VAC：VAC= BAC–EAC。

（4）假设 SPI 与 CPI 将同时影响 ETC 工作：EAC=AC+[(BAC–EV)/(CPI × SPI)]。

5. 完工尚需绩效指数（TCPI）

（1）基于 BAC 的 TCPI 公式：TCPI=(BAC–EV)/(BAC–AC)。【2021 下】

（2）基于 EAC 的 TCPI 公式：TCPI=(BAC–EV)/(EAC–AC)。

（3）TCPI>1，很难完成；TCPI<1，很容易完成；TCPI=1，正好完成。

9.2 学霸演练

一、选择题

1. 绩效基准不包括（　　）。

A. 范围基准　B. 成本基准　C. 进度基准　D. 质量基准

2.（　　）**不是成本估算的方法**。

A. 类比估算　　B. 自下而上估算

C. 质量成本　　D. 挣值分析

3. **以下选项中，项目经理进行成本估算时不需要考虑的因素是**（　　）。

A. 人力资源　　B. 范围基准　　C. 工期长短　　D. 盈利情况

二、案例题

【成本管理】案例分析一

某项目经理将其负责的系统集成项目进行了工作分解，并对每个工作单元进行了成本估算，得到其计划成本。到第 4 个月底时，各任务的计划成本、实际成本及完成百分比见下表。

序　号	计划成本	实际成本	完成百分比
A	10	9	80%
B	7	6.5	100%
C	8	7.5	90%
D	9	8.5	90%
E	5	5	100%
F	2	2	90%

【问题 1】请分别计算该项目在第 4 个月底的 PV、EV、AC 值，并写出计算过程。请从进度和成本两个方面评价此项目的执行绩效如何，并说明依据。（10 分）

【问题 2】有人认为：项目某一阶段实际花费的成本（AC）如果小于计划支出成本（PV），说明此时项目成本是节约的，你认为这种说法正确吗？请说明为什么。（5 分）

【问题 3】（10 分）

（1）如果从第 5 个月开始，项目不再出现成本偏差，则此项目的预计完工成本（EAC）是多少？

（2）如果项目仍按目前的状况继续发展，则此项目的预计完工成本（EAC）是多少？

（3）针对项目目前的状况，项目经理可以采取什么措施？

【成本管理】案例分析二

老王是某公司的项目经理，有着丰富的项目管理经验，最近负责某信息系统开发项目的管理工作。该项目经过WBS分解之后，范围已经明确。为了更好地对其他项目进行监控，保证项目顺利完成，老王拟采用进度网络图对项目进行管理。经过分析，老王带领项目组成员共同完成了一张工作计划表，见下表。

序　号	紧前工作	计划工作历时/天	最短工作历时/天	每缩短一天所需增加的费用/万元
A	—	6	4	4
B	A	2	2	1
C	A	8	7	3
D	B、C	10	9	4
E	C	5	4	1
F	D	10	8	2
G	D、E	11	8	3
H	F、G	10	8	8

注：每天的间接费用为2万元。

事件1：为了表明各活动之间的逻辑关系，计算工期，老王将任务及有关属性用以下图样表示，然后根据工作计划表绘制单代号网络图。

<table>
<tr><td>ES</td><td>DU</td><td>EF</td></tr>
<tr><td colspan="3">ID</td></tr>
<tr><td>LS</td><td>TF</td><td>LF</td></tr>
</table>

事件2：老王的工作计划得到了公司的认可，但是业主提出，因该项目涉及融资，希望建设工期能够提前2天，并可额外支付10万元的项目款。

事件3：老王将新的项目计划上报了公司，公司请财务部门估算项目的利润。

【问题 1】(12 分)

(1)请按照事件 1 的要求，完成此项目的单代号网络图。

(2)指出项目的关键活动和工期。

(3)请说明 B、D、E 的总浮动时间和自由时间。

【问题 2】在事件 2 中，请简要分析老王应如何调整工作计划才能既满足业主的工期要求，又能确保节省费用?(6 分)

【问题 3】请指出事件 3 中财务部门估算的项目利润因工期提前变化了多少?为什么?(6 分)

参考答案:

一、选择题

1. D。力杨解析：将范围基准、成本基准、进度基准整个形成**绩效基准**。

2. D。力杨解析：**成本估算工具和技术**包括专家判断、**类比估算**、**参数估算**、**自下而上估算**、**储备分析**、**质量成本**、项目管理软件、卖方投标分析、群体决策技术等。

3. D。力杨解析：**成本估算输入**包括成本管理计划、项目进度计划、人力资源管理计划、范围基准、风险登记册、组织过程资产、事业环境因素。

二、案例题

案例分析一

【问题 1】力杨解析

PV=10+7+8+9+5+2=41(万元)

EV=10 × 80%+7 × 100%+8 × 90%+9 × 90%+5 × 100%+2 × 90%=8+7+7.2+8.1+5+1.8=37.1

（万元）

AC=9+6.5+7.5+8.5+5+2=38.5（万元）

SV=EV−PV=37.1−41=−3.9<0

CV=EV−AC=37.1−38.5=−1.4<0

因此，进度延期、成本超支。

【问题2】力杨解析

不正确。以此题为例即知不正确，AC的大小不是由于项目实施中成本节省造成的，而是由于进度落实计划造成的。

【问题3】力杨解析

（1）项目不再出现偏差，属于非典型。

ETC=BAC−EV=41−37.1=3.9（万元）

EAC=AC+ETC=38.5+3.9=42.4（万元）

（2）仍按目前情况继续发展，属于典型。

CPI=EV/AC=37.1 ÷ 38.5=0.963

EAC=AC+(BAC−EV)/CPI=38.5+(41−37.1) ÷ 0.963=42.6（万元）

（3）仍按目前情况继续发展，属于典型。

赶工（增加资源或加班）；控制成本；必要时调整进度基准、成本基准。

案例分析二

【问题1】力杨解析

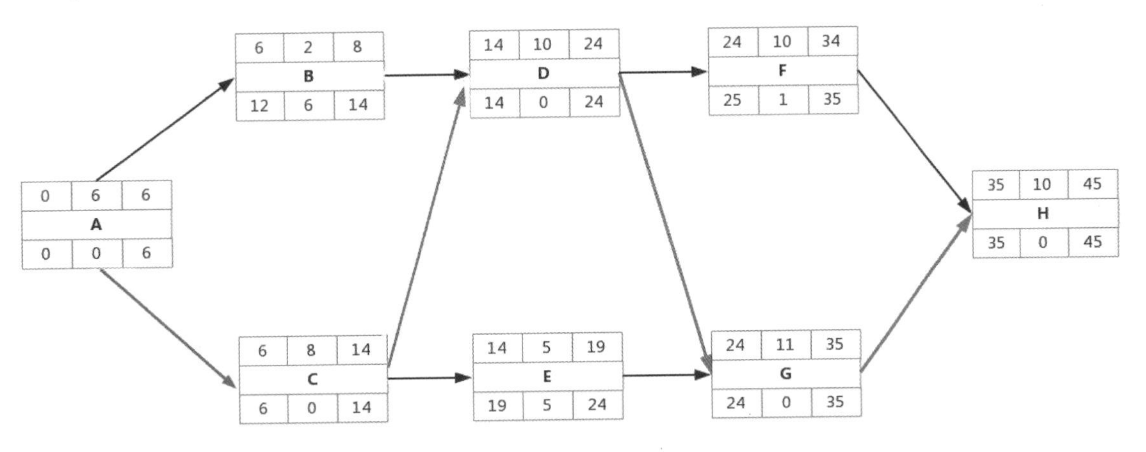

关键路径：A—C—D—G—H，工期：6+8+10+11+10=45（天）。

【问题 2】力杨解析

首先判断，应压缩关键路径，为使工期缩短 2 天，且费用最省，经分析可采取以下措施。

措施一：C 压缩 1 天、G 压缩 1 天，合计 6 万元。

措施二：G 压缩 2 天，合计 6 万元。

此时，请注意，要分析项目关键路径是否发生变化。

对于措施一，压缩后，出现两条关键路径，工期为 43 天，因此此措施可行。

对于措施二，压缩后，关键路径发生变化，工期变为 44 天，因此此措施不可行。

所以，此题应采取 C 压缩 1 天、G 压缩 1 天的措施。

【问题 3】力杨解析

若 C 压缩 1 天、G 压缩 1 天，合计直接费用增加 6 万元，但节约了间接费用 2×2=4（万元）而业主增加 10 万元项目款，因此项目利润增加 10+4−6=8（万元）。

若 G 压缩 2 天，合计直接费用增加 6 万元，但节约了间接费用 2×2=4（万元）。而业主增加 10 万元项目款，因此项目利润增加 10+4−6=8（万元）。

第 10 章　项目质量管理

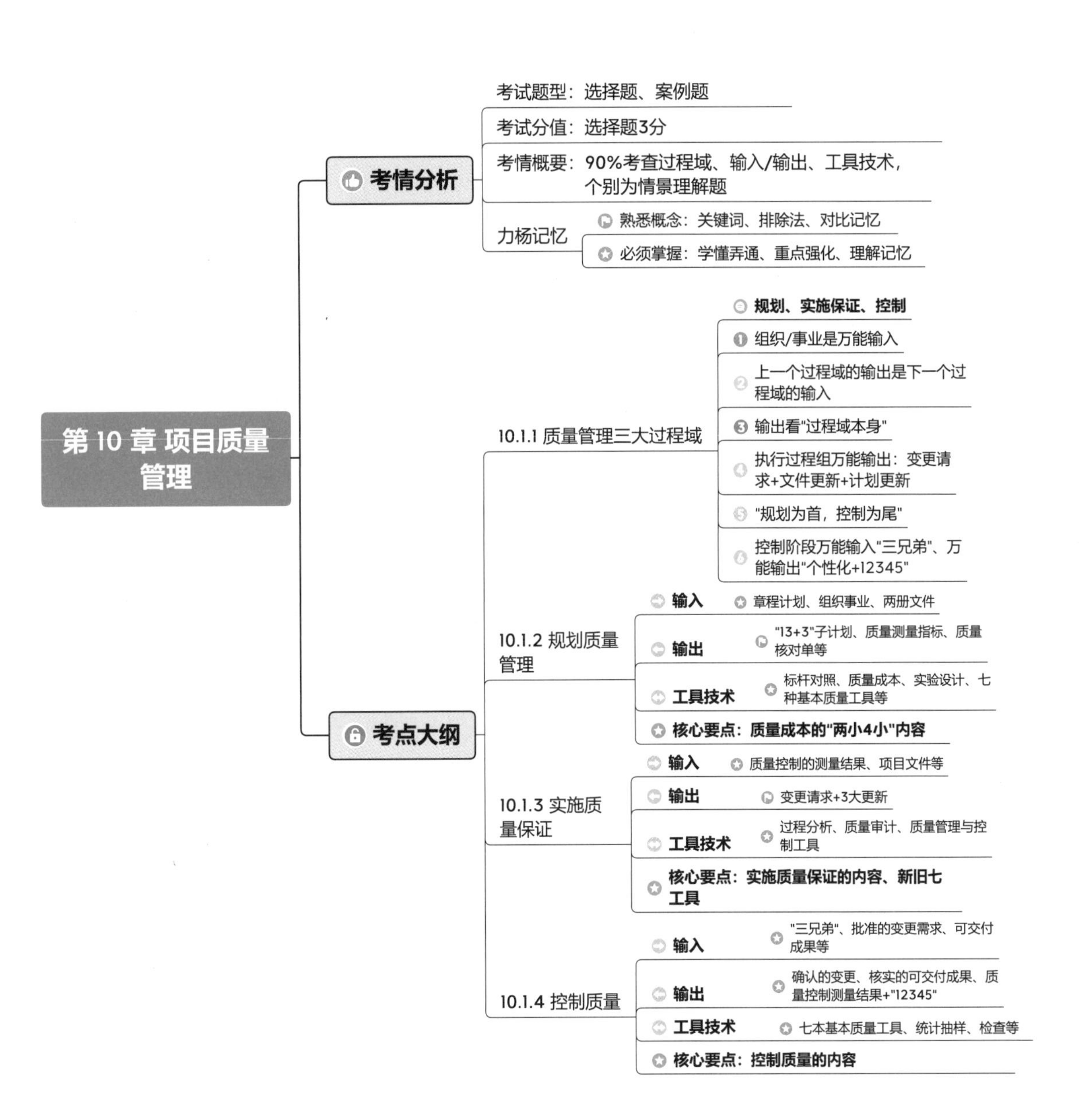

第 10 章 项目质量管理
考情分析
考试题型：选择题、案例题
考试分值：选择题3分
考情概要：90%考查过程域、输入/输出、工具技术，个别为情景理解题
力杨记忆
熟悉概念：关键词、排除法、对比记忆
必须掌握：学懂弄通、重点强化、理解记忆
考点大纲
10.1.1 质量管理三大过程域
规划、实施保证、控制
组织/事业是万能输入
上一个过程域的输出是下一个过程域的输入
输出看"过程域本身"
执行过程组万能输出：变更请求+文件更新+计划更新
"规划为首，控制为尾"
控制阶段万能输入"三兄弟"、万能输出"个性化+12345"
10.1.2 规划质量管理
输入
章程计划、组织事业、两册文件
输出
"13+3"子计划、质量测量指标、质量核对单等
工具技术
标杆对照、质量成本、实验设计、七种基本质量工具等
核心要点：质量成本的"两小4小"内容
10.1.3 实施质量保证
输入
质量控制的测量结果、项目文件等
输出
变更请求+3大更新
工具技术
过程分析、质量审计、质量管理与控制工具
核心要点：实施质量保证的内容、新旧七工具
10.1.4 控制质量
输入
"三兄弟"、批准的变更需求、可交付成果等
输出
确认的变更、核实的可交付成果、质量控制测量结果+"12345"
工具技术
七本基本质量工具、统计抽样、检查等
核心要点：控制质量的内容

10.1 学霸知识点

考情分析	选择题	案例题
	3分	掌握
力杨引言	引言：本章为项目质量管理，三大过程域，重点掌握新旧七工具、过程改进计划、质量成本等。	

10.1.1 质量管理三大过程域

三大过程域	质量管理核心要点	过程组
规划质量管理	识别项目及其可交付成果的质量要求和标准，并准备对策以确保符合质量要求的过程	计划
实施质量保证	审计质量要求和质量控制测量结果，确保采用合理的质量标准和操作性定义的过程	执行
控制质量	监督并记录质量活动执行结果，以便评估绩效，并推荐必要的变更过程	监控
力杨记忆：【规划实施、保证控制】，1+1+1 组合，涵盖计划 + 执行 + 监控三大过程组		

10.1.2 规划质量管理

1. 输入 / 输出

（1）**输入：**需求文件、干系人登记册、风险登记册、项目管理计划、组织过程资产、事业环境因素。【2020 下】

（2）**输出：**质量管理计划、过程改进计划、**质量测量指标**、**质量核对单**、项目文件更新。

（3）**工具和技术：**质量成本、标杆对照、实验设计、统计抽样、成本效益分析、七种基本质量工具、力场分析、名义小组、头脑风暴、会议。

（力杨记忆：掌握"章程计划—组织事业"是规划阶段的万能输入，输入重点记"两册文件"，输出是"13+3 子计划" + "测量单"，"质量测量指标"作为后续过程域的主要输入，"工具技术"必须掌握）

2. 规划质量管理的内容及作用

（1）规划质量管理是识别项目及其可交付成果的质量要求和标准，并准备对策确保符合质量要求的过程。

（2）规划质量管理的主要作用是为整个项目中如何管理和确认质量提供了指南和方向。

（3）质量管理计划是项目管理计划的组成部分，描述如何实施组织的质量政策，以及项目管理团队准备如何达到项目的质量要求。

（4）质量管理计划可以是正式的，也可以是非正式的，可以是非常详细的，也可以是高度概括的。

（5）过程改进计划是项目管理计划的子计划或组成部分。过程改进计划详细说明对项目管理过程和产品开发过程进行分析的各个步骤，以识别增值活动。需要考虑的方面包括过程边界、过程配置、过程测量指标、绩效改进目标。

（6）质量管理是指确定质量方针、目标和职责，并通过质量体系中的质量规划、质量保证和质量控制以及质量改进来使其实现所有管理职能的全部活动。【2021 上】

（7）质量测量指标：专用于描述项目或产品属性，以及控制质量过程将如何对属性进行测量，通过测量，得到实际测量值。测量指标的可允许变动范围称为公差。

（8）质量核对单：一种结构化工具，通常具体地列出各项内容，用来核实所要求的一系列步骤是否已得到执行。

10.1.3 实施质量保证

1. 输入 / 输出

（1）**输入：**质量管理计划、过程改进计划、质量测量指标、质量控制测量结果、项目文件、组织过程资产、事业环境因素。

（2）**输出：**变更请求、项目文件更新、项目管理计划更新、组织过程资产更新。

（3）**工具和技术：**质量审计、过程分析、质量管理与控制工具（新七种工具）。

（力杨记忆："组织事业"是万能输入，上一个过程域的输出是下一个过程域的输入，子计划"质量管理计划"作为后续过程域的主要输入，"质量控制测量结果"是控制质量的输出，反过来作为执行过程组的输入，输出是万能输出）

2. 实施质量保证的内容及作用

（1）实施质量保证是审计质量要求和质量控制测量结果，确保采用合理的质量标准和操作性定义的过程。

（2）实施质量保证的主要作用是**促进质量过程改进**。

（3）实施质量保证是一个执行过程，使用规划质量管理和控制质量过程所产生的数据。

（4）质量保证工作属于质量成本框架中的一致性工作。

（5）实施质量保证过程也为持续过程改进创造条件。持续过程改进是指不断地改进所有过程的质量。通过持续过程改进，可以减少浪费，消除非增值活动，使各过程在更高的效率与效果水平上运行。

10.1.4 控制质量

1. 输入 / 输出

（1）**输入：**质量测量指标、质量核对单、批准的变更请求、可交付成果、项目文件、项目管理计划、工作绩效数据、组织过程资产。【2020 下】

（2）**输出：**确认的变更、质量控制测量结果、核实的可交付成果、变更请求、工作绩效信息、项目文件更新、项目管理计划更新、组织过程资产更新。

（3）**工具和技术：**检查、统计抽样、七种基本质量工具、审查已批准的变更请求。

（力杨记忆："项目管理计划 + 工作绩效数据 + 组织过程资产"是控制阶段的万能输入，上一个过程域的输出是下一个过程域的输入，个性化输出 +"12345"五大控制阶段是万能输出，"确认的预测"是监控项目工作的输入，"核实的可交付成果"是确认范围的输入）

2. 控制质量的内容及作用

（1）控制质量是监督并记录质量活动执行结果，以便评估绩效，并推荐必要的变更过程。

（2）控制质量的主要作用包括：①**识别过程低效或产品质量低劣的原因**，建议并采取相应措施消除这些原因；②确认项目的可交付成果及工作满足主要干系人的既定需求，足以进行最终验收。

（3）质量控制测量结果是对质量控制活动的结果的书面记录。

10.1.5 质量管理总结及要点知识

1. 工具与技术

工具与技术	过程域	概　念
标杆对照	质量→规划质量管理	将实际或计划的项目实践与可比项目的实践进行对照，以便识别最佳实践，形成改进意见，并为绩效考核提供依据

续表

工具与技术	过程域	概　念
实验设计（DOE）	质量→规划质量管理	一种**统计方法**，用来识别哪些因素会对正在生产的产品或正在开发的流程的特定变量产生影响【2022上】
统计抽样	质量→规划质量管理	从目标总体中选取部分样本用于检查
力场分析	质量→规划质量管理	显示变更的推力与阻力的图形
过程分析	质量→实施质量保证	按照过程改进计划中概括的步骤来识别所需的改进。它也要检查在过程运行期间遇到的问题、制约因素，以及**发现的非增值活动**
检查	质量→控制质量	检验工作产品，以确定是否符合书面标准。包含审查、审计、巡检

2. 质量成本

质量成本是指在产品生命周期中发生的**所有成本**，包括为预防不符合要求、为评价产品或服务是否符合要求，以及因未达到要求而发生的所有成本。【2020下·2021上·2022上】

扫一扫，看视频

一致性成本（防止失败）		非一致性成本（处理失败）	
预防成本	**评价**成本	**内部失败**成本	**外部失败**成本
培训 流程文档化 设备 选择正确的做事时间 （生产合格产品）	测试 破坏性测试导致的损失 检查 （评定质量）	返工 废品 （项目内部发现的）	责任 保修 业务流失 （客户发现的）

3. 质量审计

（1）质量审计又称质量保证体系审核，是对具体质量管理活动的结构性的评审。

（2）质量审计的目标：识别全部正在实施的良好及最佳实践；识别全部违规做法、差距及不足；分享所在组织或行业中类似项目的良好实践；积极、主动地提供协助，以**改进过程的执行**，从而帮助团队提高生产效率；强调每次审计都应对组织经验教训的积累做出贡献。【2021下】

（3）质量审计**可以事先安排，也可以随机进行**。在具体领域中有专长的**内部审计师**或**第三方**组织都可以实施。

（4）质量审计可由内部或外部审计师进行。质量审计还可确认已批准的变更请求（包括**更新、纠正措施、缺陷补救和预防措施**）的实施情况。

4. 旧七工具

因果图（鱼骨图）、流程图、核查表、散点图、直方图、控制图、帕累托图。【2021 上】（力杨记忆：因果流程、核查散点、直控帕累）

旧七工具	内　容
因果图	鱼骨图或石川图，问题陈述放在鱼骨的头部，作为起点，用来追溯问题来源，回推到可行动的根本原因——**所有原因**【2020 上】
流程图	过程图，用来显示在一个或多个输入转化成一个或多个输出的过程中，所需要的步骤顺序和可能分支
核查表	计数表，用于收集数据的查对清单。它合理排列各种事项，以便有效地收集关于潜在质量问题的有用数据
散点图	相关图，可以显示两个变量之间是否有关系，一条斜线上的数据点距离越近，两个变量之间的相关性就越密切【2020 上】
直方图	一种特殊形式的条形图，用于描述集中趋势、分散程度和统计分布形状。与控制图不同，直方图不考虑时间对分布内的变化的影响【2022 上】
控制图	一张**实时**展示项目进展信息的图表，用来确定一个过程是否稳定，或者是否具有可预测的绩效。控制图可以判断某一过程处于控制状态还是失控状态【2021 下】
帕累托图	一种特殊的垂直条形图，用于识别造成大多数问题的少数重要原因。在横轴上所显示的原因类别，作为有效的概率分布，涵盖 100% 的可能观察结果——**主要原因**【2021 下】

5. 新七工具

亲和图、过程决策程序图（PDPC）、关联图、树形图、优先矩阵图、活动网络图、矩阵图。（力杨记忆：亲过关树、矩阵网络）

新七工具	内　容
亲和图	亲和图与心智图相似。针对某个问题，产生出可连成有组织的想法模式的各种创意。在项目管理中，使用亲和图确定范围分解的结构，有助于 WBS 的制订【2022 上】
过程决策图	用于理解一个目标与达成此目标的步骤之间的关系，有助于制订应急计划，因为它能帮助团队预测那些可能破坏目标实现的中间环节
关联图	关系图，有助于在包含相互交叉逻辑关系的中等复杂情形中创新性地解决问题
树形图	系统图，可用于表现诸如 WBS、RBS（风险分解结构）和 OBS（组织分解结构）的层次分解结构
优先矩阵图	用来识别关键事项和合适的备选方案，并通过一系列决策，排列出备选方案的优先顺序
活动网络图	箭头图，包括两种格式的网络图：AOA（活动箭线图）和最常用的 AON（活动节点图）
矩阵图	一种质量管理和控制工具，使用矩阵结构对数据进行分析

6. 质量方针

质量方针是组织内部的行为准则，也体现了顾客的期望和对顾客做出的承诺。质量方针是总方针的一个组成部分，由最高管理者批准。

7. 质量目标

质量目标是指“在质量方面所追求的目的”，它是落实质量方针的具体要求，它从属于质量方针，应与利润目标、成本目标、进度目标等相协调。**质量目标必须明确、具体**，尽量用定量化的语言进行描述，保证质量目标容易被沟通和理解。

8. 质量管理（TQM）

（1）质量管理是指确定质量方针、目标和职责，并通过质量体系中的质量规划、质量保证、质量控制以及质量改进来实现所有管理职能的全部活动。

（2）项目质量管理概论的四个阶段：手工艺人阶段、质量检验阶段、统计质量控制阶段、全面质量管理阶段。

9. 质量的概念

（1）国家标准：一组固有特性满足要求的程度。

（2）ISO 9000：一系列内在特性满足要求的程度。

（3）**项目的工作质量：**从项目作为**一次性的活动**来看，项目质量体现在由 WBS 反映出的项目范围内所有的阶段、子项目、项目工作单元的质量所构成。

（4）**项目的产品质量：**从项目作为**一项最终产品**来看，项目质量体现在其性能或者使用价值上。

（5）**质量与等级的区别：**质量与等级是两个**不同的概念**，质量作为实现的性能或成果，是一系列内在特性满足要求的程度；等级作为设计意图，是对用途相同但特性不同的可交付成果的级别分类。

10.2 学霸演练

一、选择题

1. **培训属于（　　）。**

A. 预防成本　　B. 评价成本　　C. 内部失败成本　　D. 外部失败成本

2.（　　）是一种特殊的垂直条形图，用于识别造成大多数问题的少数重要原因。在横轴上所显示的原因类别，作为有效的概率分布，涵盖 100% 的可能观察结果。

A. 散点图　　B. 帕累托图　　C. 因果图　　D. 过程决策图

3.（　　）不属于控制质量的输出。

A. 质量控制测量结果　　B. 确认的变更

C. 核实的可交付成果　　D. 质量核对单

二、案例题

【质量管理】案例分析

A 公司中标某信息中心软件开发项目，该公司任命小王为项目经理。小王在项目启动阶段确定了项目团队和项目组织架构，项目团队划分为三个小组：研发组、测试组和产品组。各组成员分别来自研发部、测试部以及产品管理部。

小王制订了项目整体进度计划，将项目分为需求分析、设计、编码、试运行和验收五个阶段。为保证项目质量，小王请有着多年的编码、测试工作经历的测试组组长张工兼任项目的质量保证人员。

在项目启动会上，小王对张工进行了口头授权，并要求张工在项目的重要阶段（如完成需求分析、完成总体设计、完成单元编码和测试等）必须对项目交付物进行质量检查。在检查时，张工可以根据自己的经验提出要求，对于不满足要求的工作，必须立即进行返工。

项目在实施过程中遇到一些问题，具体如下：

在项目组完成编码与单元测试工作，准备进行系统集成前，张工按照项目经理小王的要求进行了质量检查。在检查过程中，张工凭借多年开发经验，认为某位开发人员负责的一个模块代码存在响应时间长的问题，并对其开具了不符合项报告。但这位开发人员认为自己是严格按照公司编码规范编写的，响应时间长不是自己的问题。经过争吵，张工未能说服该开发人员，同时考虑到该模块对整体项目影响不大，张工没有再追究此事，该代码也没有修改。

在项目上线前，信息中心领导组织技术专家到项目现场进行调研和考察。专家组对已完成的编码进行了审查，发现很多模块不能满足甲方的质量要求。

【问题 1】请指出该项目在质量管理方面可能存在的问题。（5 分）

【问题 2】请指出张工在质量检查中可能存在的问题。(5 分)

【问题 3】针对上述问题，如果你是项目经理，你会采取哪些措施？(5 分)

【问题 4】在控制质量过程域中，可以使用哪些工具与技术？(6 分)

A. 直方图　　B. 试验设计　　C. 因果图　　D. 统计抽样
E. 帕累托图　　F. 质量成本　　G. 成本 / 效益分析　　H. 控制图
I. 活动网络图

参考答案：

一、选择题

1. A。力杨解析：①**质量成本：**在产品生命周期中发生的所有成本，包括为预防不符合要求、为评价产品或服务是否符合要求，以及因未达到要求而发生的所有成本；②**一致性成本：**预防成本［培训、流程文档化、设备、选择正确的做事时间等（生产合格产品时发生的）］、评价成本［测试、破坏性测试导致的损失（检查等评定质量发生的）］；③**非一致性成本：**内部失败成本［返工、废品等（项目内部发现的）］、外部失败成本［责任、保修、业务流失等（客户发现的）］。

2. B。力杨解析：帕累托图是一种特殊的垂直条形图，用于识别造成大多数问题的少数重要原因。

3. D。力杨解析：典型的输入 / 输出混淆问题，“质量核对单”属于输入。

二、案例题

【问题 1】力杨解析

(1) 没有制订详细的、可行的质量管理计划。

(2) 未建立完善的质量保证体系，缺乏质量标准和规范（凭靠张工经验判断）。

(3) 质量职责分配不合理，没有 QA。

(4) 质量保证活动实施不到位，缺乏过程改进。

(5) 控制质量阶段未经 CCB 审核，项目经理也未参与评审。

（6）质量控制存在问题，测试没有达到效果。

（7）团队成员质量意识差。

（8）缺乏有效的沟通。

（9）项目经理未起到领导和管理作用。

【问题 2】力杨解析

（1）没有制订具体的质量检查计划。

（2）没有制定质量检查标准，凭经验判断。

（3）在质量检查中发现问题没有及时解决。

（4）在沟通中产生冲突，未采取有效措施。

（5）张工缺乏相关质量检查知识和经验。

【问题 3】力杨解析

（1）应科学制订和实施质量管理计划。

（2）应建立明确的项目质量管理体系（ISO 9000、全面质量管理、六西格玛、CMMI 成熟度模型），包括质量方针、质量目标、质量标准。

（3）应选用项目经验、质量管理经验丰富的 QA 人员。

（4）应重视软件开发过程中的质量保证工作，合理使用质量审计、过程分析、质量管理和控制工具等技术。

（5）应加强质量评审和质量控制工作。

（6）应重视软件项目的测试环节，通过编码测试、系统测试、集成测试、确认测试等确保开发质量。

（7）应加强项目组成员的质量管理培训。

（8）应发挥项目经理领导和管理作用，加强协调沟通，避免冲突。

【问题 4】力杨解析

A、C、D、E、H、I

第 11 章　项目人力资源管理

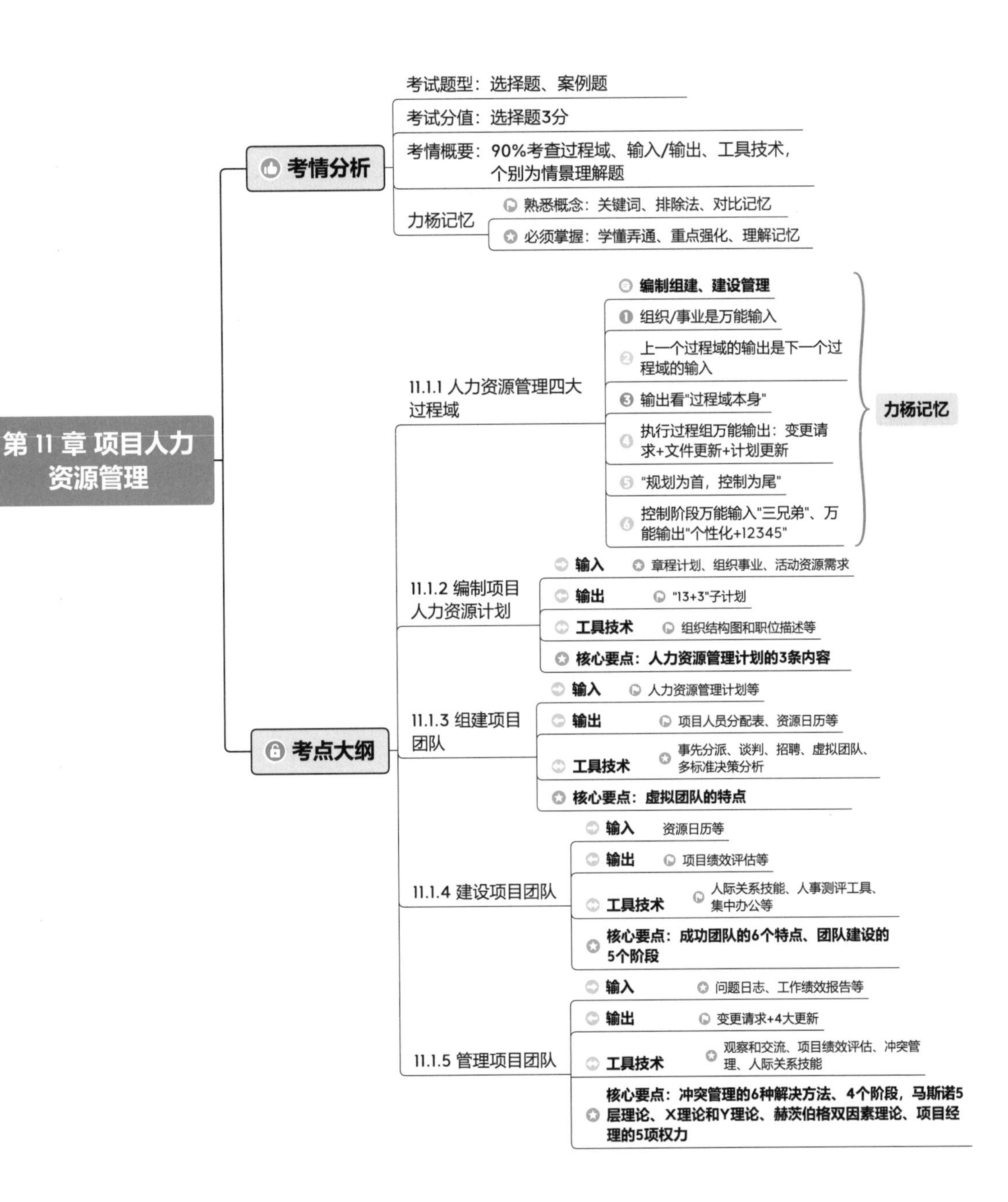

11.1 学霸知识点

考情分析	选择题	案例题
	2 ~ 3分	掌握
力杨引言	引言：本章为项目人力资源管理，四大过程域，案例必考。学习建议：对工具与技术重点掌握。	

11.1.1 人力资源管理四大过程域

四大过程域	人力资源管理核心要点	过程组
编制项目人力资源计划	规划人力资源管理，确定与识别项目中的角色、所需技能、分配项目职责和回报关系，并记录下来形成书面文件，其中包括项目人员配备管理计划	计划
组建项目团队	通过调配、招聘等方式得到需要的项目人力资源	执行
建设项目团队	培养提高团队个人的技能，改进团队协作，提高团队的整体水平以提升项目绩效	执行
管理项目团队	跟踪团队成员个人的绩效和团队的绩效，提供反馈，解决问题并协调变更以提高项目绩效	执行
力杨记忆：【编制组建、建设管理】，1+3 组合，涵盖计划 + 执行两大过程组		

11.1.2 编制项目人力资源计划

1. 输入 / 输出

（1）**输入：**活动资源需求、项目管理计划、组织过程资产、事业环境因素。

（2）**输出：**人力资源管理计划。

（3）**工具和技术：**组织图和职位描述、人际交往、组织理论、专家判断、会议。【2021 下】

（力杨记忆：掌握“章程计划—组织事业”是规划阶段的万能输入，输入重点记“活动资源需求”，输出是“13+3 子计划”）

2. 编制项目人力资源计划的内容及作用

（1）编制项目人力资源计划是识别和记录项目角色、职责、所需技能、报告关系，并编制人员配备管理计划的过程。

（2）编制项目人力资源计划的主要作用是建立项目角色与职责、项目组织图，以及包含人员招募和遣散时间表的人员配备管理计划。

（3）人力资源管理过程不是独立存在的，需要与项目其他过程交互，这些交互有时需要对计划进行调整，以包括新增的工作。

（4）项目的组织结构图用图形表示项目汇报关系（组织管理关系）。它可以是正式的或者非正式的、详尽的或者粗略的描述。

（5）在项目的整个生命周期中进行经常性复查，以保证它的持续适用性，如果最初的项目人力资源计划不再有效，应当立即修正。

（6）编制项目人力资源计划过程总是与沟通计划编制过程紧密联系，因为项目组织结构会对项目的沟通需求产生重要影响。

3. 人力资源管理计划的内容

角色和职责的分配、项目的组织结构图、人员配备管理计划（人员招募、**资源日历**、人员遣散计划、培训需求、表彰和奖励、遵守的规定、安全性）。【2022上】

11.1.3 组建项目团队

1. 输入/输出

（1）**输入：**人力资源管理计划、组织过程资产、事业环境因素。

（2）**输出：**资源日历、项目人员分配表、项目管理计划更新。【2022上】

（3）**工具和技术：**谈判、招募、事先分派、虚拟团队、多标准决策分析等。【2021上】

（力杨记忆："组织事业"是万能输入，上一个过程域的输出是下一个过程域的输入，子计划"人力资源管理计划"作为后续过程域的主要输入，"资源日历"是组建项目团队、实施采购的输出）

2. 组建项目团队的内容及作用

（1）组建项目团队是通过调配、招聘等方式得到需要的项目人力资源。

（2）组建项目团队的主要作用是指导团队选择和职责分配，组建一个成功的团队。

（3）**资源日历：**表明每种具体资源的可用工作日和工作班次的日历；明确了项目团队成员能够参加团队建设活动的时间段；用来确定项目进行的各个阶段到位的项目团队成员可以**在项目上工作的时间**。【2021下】

11.1.4 建设项目团队

1. 输入 / 输出

（1）**输入：** 人力资源管理计划、项目人员分派表、资源日历。

（2）**输出：** 团队绩效评估、事业环境因素更新。

（3）**工具和技术：** 培训、基本规则、集中办公、认可与奖励、**人际关系技能**、团队建设活动、人事测评工具等。

（力杨记忆：上一个过程域的输出是下一个过程域的输入，子计划“人力资源管理计划”作为后续过程域的主要输入，工具和技术重点掌握）

2. 建设项目团队的内容及作用

（1）建设项目团队用于提高团队与个人的技能，改进团队协作，提高团队的整体水平，从而提升项目绩效。

（2）建设项目团队的主要作用是改进团队协作、增强人际技能、激励团队成员、降低人员离职率、提升整体项目绩效。

11.1.5 管理项目团队

1. 输入 / 输出

（1）**输入：** 问题日志、工作绩效报告、人力资源管理计划、项目人员分派表、团队绩效评估、组织过程资产。

（2）**输出：** 变更请求、项目文件更新、项目管理计划更新、事业环境因素更新、组织过程资产更新。

（3）**工具和技术：** 观察和交谈、项目绩效评估、冲突管理、**人际关系技能**等。

（力杨记忆：上一个过程域的输出是下一个过程域的输入，子计划“人力资源管理计划”作为后续过程域的主要输入，输出“12345”是万能输出，工具和技术重点掌握）

2. 管理项目团队的内容及作用

（1）管理项目团队是跟踪团队成员个人的绩效和团队的绩效，提供反馈，解决问题并协调变更以提高项目绩效。

（2）管理项目团队的主要作用是影响团队行为、管理冲突、解决问题，并评估团队成员的绩效。

11.1.6 人力资源管理总结及要点知识

1. 工具与技术

工具与技术	过程域	概　念
组织结构图和职位描述	人力→编制项目人力资源计划	一般包括层次结构图、矩阵图（责任分配矩阵 RAM—RACI 图（R—负责、A—参与、C—征求意见、I—通知）：最直观的方法）、文本格式、项目计划的其他部分。**层次结构图**：工作分解结构 WBS、资源分解结构 RBS、组织分解结构 OBS【2021 上】
人际交往	人力→编制项目人力资源计划	在组织、行业或职业环境中与他人的**正式或非正式**互动。人际交往在项目初始时特别有用，并可在项目期间及项目结束后有效促进项目经理的职业发展（注：万事开头难）
事先分派	人力→组建项目团队	可以预先将人员分派到项目中
培训	人力→建设项目团队	培训是指所有旨在增进项目团队成员能力、提高团队整体能力的活动，可以是正式的或非正式的
人事评测工具	人力→建设项目团队	能让项目经理和项目团队洞察成员的优势和劣势
基本规则	人力→建设项目团队	用基本规则对项目团队成员的可接受行为做出明确规定。尽早制定并遵守明确的规则，有助于减少误解，提高生产力。规则一旦建立，全体项目团队成员都必须遵守
团队建设活动	人力→建设项目团队	团队建设是一个持续性过程，对项目的成功实现至关重要
人际关系技能	人力→建设项目团队和管理项目团队	**软技能**，项目经理综合运用技术的、人际的和理论的技巧去分析形势并恰当地与项目团队沟通

2. 虚拟团队

（1）**虚拟团队**的使用为招募项目团队成员提供了新的可能性。虚拟团队可定义为具有共同目标、在完成角色任务的过程中很少或没有时间面对面工作的一群人。

（2）现代沟通技术（如电子邮件、电话会议、社交媒体、网络会议和视频会议等）使虚拟团队成为可行。

（3）在虚拟团队的环境中，沟通规划**变得尤为重要**。

3. 项目团队

（1）项目团队由为完成项目而承担不同角色与职责的人员组成；项目团队成员是项目的人力资源。

（2）项目管理团队是项目团队的**一部分 / 一个子集**，负责项目管理和领导活动，如各项目阶段的启动、规划、执行、监督、控制和收尾（这一子集也可以称为**项目管理小组、核心小组、执行小组或领导小组**）。

（3）对于小型项目，项目管理职责可由整个团队分担，或者由项目经理独自承担。

4. **团队发展阶段**

优秀团队的建设不是一蹴而就的，一般要依次经历 5 个阶段（形成→震荡→规范→发挥→结束）。

（1）形成阶段：一个个独立的个体成员转变为团队成员，开始形成共同目标，**对未来团队往往有美好的期待**。

（2）震荡阶段：个体之间**开始争执**，互相指责，并且开始**怀疑项目经理的能力**。【2022 上】

（3）规范阶段：经过一段时间的磨合，团队成员之间相互熟悉和了解，矛盾基本解决，项目经理得到团队的认可。【2020 上】

（4）发挥阶段：随着相互之间的配合默契和对项目经理的信任，**成员积极工作，努力实现目标**。

（5）结束阶段：所有工作完成后，项目结束，团队解散。

（力杨记忆：形成→震荡→规范→发挥→结束，一般情况下按顺序进行，也有可能根据情况跳过某个阶段，但需注意，不管哪个阶段，如果增加人员，则必须从形成阶段开始）

【课堂演练】

老李由于经验丰富，被任命为某信息系统开发项目的项目经理。老李组建的团队经过一段时间的磨合，成员之间已相互熟悉和了解。矛盾基本解决，项目经理能够得到团队的认可。由于项目进度落后，老李又向公司提出申请，为项目组增加了 2 名新成员。此时项目团队处于（　　）。

A. 震荡阶段　　B. 发挥阶段

C. 形成阶段　　D. 规范阶段

参考答案：C

5. **项目经理的 5 项权力**

（1）合法权力：组织授予。

（2）奖励权力：组织授予。

（3）强制力：组织授予。

（4）专家权力：管理者**自身**。

（5）感召权力：管理者**自身**。

注：项目经理更注重运用奖励权力、专家权力，尽量避免使用强制力。

6. 冲突管理的特点

（1）冲突不可避免，冲突并不一定是有害的。

（2）冲突是自然的，而且要找出一个解决办法。

（3）冲突是一个团队问题，而不是某人的个人问题。

（4）应公开地处理冲突（冲突早期可以私下处理）。【2022 上】

（5）冲突的解决应聚焦在问题，而不是人身攻击。

（6）冲突的解决应聚焦在现在，而不是过去。

（力杨记忆：不可避免、不一定有害、公开处理、找准问题所在、解决当下问题）

7. 冲突管理的解决办法

扫一扫，看视频

扫一扫，看视频

（1）**解决问题**：冲突各方一起积极地定义问题、收集问题的信息、制定解决方案，最后选择一个最合适的方案来解决冲突，此时为双赢或多赢，但在这个过程中，需要公开地协商，**这是冲突管理中最理想的一种方法**。

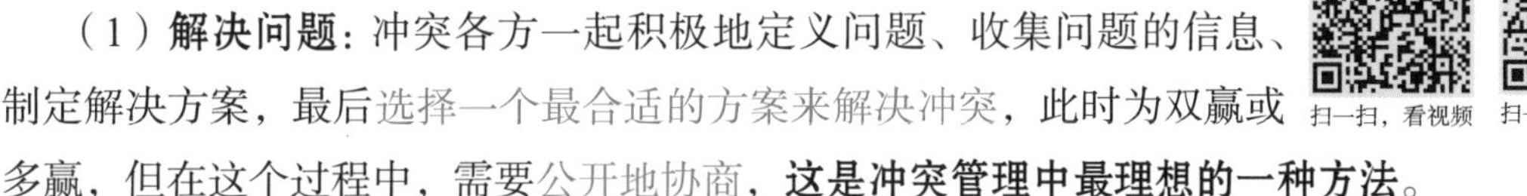

（2）**合作**：集合多方的观点和意见，得出一个多数人接受和承诺的冲突解决方案。

（3）**强制**：以牺牲其他各方的观点为代价，强制采纳一方的观点，一般只适用于赢或输这样的零和游戏情景里。

（4）**妥协**：冲突的各方协商并且寻找一种能够使冲突各方都在一定程度上满意，但冲突各方没有任何一方完全满意、都做出一些让步的冲突解决方法。

（5）**求同存异**：冲突各方都关注他们一致的一面，而淡化不一致的一面，一般求同存异要求保持一种友好的气氛，但是回避了解决冲突的根源，也就是让大家都冷静下来，先把工作做完。【2021 下】

（6）**撤退**：把眼前的或潜在的冲突搁置起来，从冲突中撤退。

8. 冲突管理的 4 个阶段

（1）**概念阶段**：项目优先级冲突、管理过程冲突、进度冲突。

（2）**计划阶段**：项目优先级冲突、进度冲突、管理过程冲突。

（3）**执行阶段**：进度冲突、**技术冲突**、资源冲突。

（4）**收尾阶段**：进度冲突、资源冲突、**个人冲突**。

9. 马斯洛需求层次理论

（1）生理需求：员工宿舍、工作餐、工作服、班车、工资、补贴、奖金等。

（2）安全需求：养老保险、医疗保障、长期劳动合同、意外保险、失业保险。

（3）社会交往的需求：定期员工活动、聚会、比赛、俱乐部。

（4）尊重的需求：荣誉性奖励、形象及地位提升、颁发奖章、内训师等。

（5）自我实现的需求：授权全权负责、智囊团、参与决策等。

（力杨记忆：金字塔自下而上依次为“生理安全→社会交往→尊重自我”，以第三层“社会交往”为分水岭，上为尊重自我，下为生理安全）

10. 赫茨伯格双因素理论

（1）第一类是保健**因素**：当保健因素不健全时，人们就会对工作产生不满意感。

（2）第二类是激励**因素**：当激励因素缺乏时，人们就会缺乏进取心。

11. X 理论和 Y 理论（力杨记忆：非常重要，区分消极、积极）

X 理论（消极）	Y 理论（积极）
X 理论注重满足员工的生理需求和安全需求，激励仅在生理和安全层次起作用，同时很注重惩罚，认为惩罚是有效的管理工具。崇尚 X 理论的领导者认为，在领导工作中必须对员工采取强制、惩罚和解雇等手段，强迫员工努力工作，对员工应当严格监督、控制和管理。在领导行为上应当实行高度控制和集中管理	Y 理论认为激励在需求的各个层次上都起作用，常用的激励办法是，将员工个人目标与组织目标融合，扩大员工的工作范围，尽可能把员工的工作安排得富有意义并具有挑战性，使其工作之后感到自豪，满足其自尊和自我实现的需要，使员工达到自我激励。崇尚 Y 理论的管理者对员工采取以人为中心的、宽容的及放权的领导方式，使下属目标和组织目标很好地结合起来
（1）人天性好逸恶劳，只要有可能就会逃避工作 （2）人生来就以自我为中心，漠视组织的要求 （3）人缺乏进取心，逃避责任，甘愿听从指挥，安于现状，没有创造性 （4）人们通常容易受骗，易受人煽动 （5）人们天生反对改革 （6）人的工作动机就是获得经济报酬	（1）人天生并不是好逸恶劳，他们热爱工作，从工作中得到满足感和成就感 （2）外来的控制和处罚对人们实现组织的目标不是一个有效的办法，下属能够自我确定目标、自我指挥和自我控制 （3）在适当的条件下，人们愿意主动承担责任 （4）大多数人具有一定的想象力和创造力 （5）在现代社会中，人们的智慧和潜能**只是部分地得到了发挥，如果给予机会，人们喜欢工作，并渴望发挥其才能**

12. 成功的项目团队的特点

（1）团队的目标明确，成员清楚自己的工作对目标的贡献。

（2）团队的组织结构清晰，岗位明确。

（3）有成文或习惯的工作流程和方法，而且流程简明有效。

（4）项目经理对团队成员有明确的考核和评价标准，工作结果公正公开、赏罚分明。

（5）共同制定并遵守的组织纪律。

（6）协同工作，也就是一个成员的工作需要依赖于另一个成员的结果，善于总结和学习。

（力杨记忆：目标岗位、流程考核、纪律协同）

13. 领导与管理

（1）领导者：设定目标；管理者：实现目标。

（2）项目经理具有领导者和管理者的双重身份。

（3）典型的领导方式有专断型、民主型、放任型。有效地领导取决于**领导者自身、被领导者与领导过程所处的环境**。项目早期团队建设、新员工采用**专断型**（**独裁式、指导式**）；团队成员熟悉后可以采取民主型或部分授权。

11.2 学霸演练

一、选择题

1. 以下（　　）不是组建项目团队的工具和技术。

A. 招募　　B. 虚拟团队　　C. 多标准决策分析　　D. 项目人员分配表

2. 以下（　　）不是管理项目团队的输入。

A. 团队绩效评估　　B. 问题日志　　C. 资源日历　　D. 工作绩效报告

3.（　　）阶段个体之间开始争执，互相指责，并且开始怀疑项目经理的能力。

A. 形成　　B. 震荡　　C. 规范　　D. 发挥

4. 项目经理的5项权力中，项目经理最好用（　　）来影响团队成员去做事。

①合法的权力；②强制力；③专家权力；④奖励权力；⑤感召权力

A. ①②　　B. ③④　　C. ①⑤　　D. ②④

5. 荣誉感属于马斯洛需求层次理论的（　　）。

A. 安全需求　　B. 社会交往的需求

C. 尊重的需求　　　　　　　　　　D. 自我实现的需求

6. **技术冲突属于项目的（　　）。**

A. 概念阶段　　B. 计划阶段　　C. 执行阶段　　D. 收尾阶段

7. **责任分配矩阵 RAM 是最直观的方法，其中 RACI 中的“A”是指（　　）。**

A. 对任务负责任　B. 参与任务　　C. 提供意见　　D. 应及时得到通知

8. **解决问题属于人力资源管理的（　　）阶段。**

A. 编制人力资源管理计划　　　　B. 组建项目团队

C. 建设项目团队　　　　　　　　D. 管理项目团队

9.（　　）**能让项目经理和项目团队洞察成员的优势和劣势。**

A. 人事测评工具　B. 人际关系技能　C. 多标准决策分析　D. 团队建设活动

二、案例题

【人力资源管理】案例分析

某公司中标一个城市“智慧交通”系统软件开发项目，公司领导决定启用新的技术骨干作为项目经理，任命研发部软件开发骨干小李为该项目的项目经理。

小李技术能力强，自己承担了该项目核心模块的开发任务，自从项目管理计划发布以后，一直投身于自己的研发任务当中。除项目阶段验收会之外，没有召开过任何项目例会，只是在项目出现问题时才召开项目临时会议。经过项目团队共同努力，该项目进展到系统测试阶段。

在系统测试前，发现该项目有一个指示灯显示模块开发进度严重滞后，小李首先请求公司支援了 2 名技术人员，然后立刻会同该模块负责人小王一起熬夜加班赶工，完成了该模块。

小李在项目绩效考核时，认为小王的工作态度不认真，给予较差评价，并在项目团队内公布考核结果。小王认为自己连续熬夜加班，任务也已完成，觉得考核结果不公平，两人就此问题发生了严重冲突，小王因此消极怠工，甚至影响到了项目验收。

【问题 1】请指出该项目在人力管理方面可能存在哪些问题。项目经理小李应如何应对这些问题？（5 分）

【问题 2】请指出项目经理小李应该着重学习哪些团队管理的方法。（5 分）

【问题3】请简要描述项目冲突管理的方法。(6分)

【问题4】(4分)

1. 结合项目背景，案例中项目经理小李和小王的冲突属于(　　)。

A. 项目优先级冲突　　B. 个人冲突

C. 资源冲突　　D. 技术冲突

2. 小李对小王的绩效考核，运用了项目经理的(　　)。

A. 奖励权利　　B. 强制力

C. 感召权利　　D. 专家权利

3. 小李向公司申请2名技术人员后，该项目团队发展处于(　　)阶段。

A. 形成　　B. 震荡　　C. 规范　　D. 发挥

4. (　　)是冲突管理最有效的方法。

A. 强制　　B. 解决问题　　C. 妥协　　D. 求同存异

参考答案:

一、选择题

1. D。力杨解析: **组建项目团队的工具和技术**包括谈判、招募、事先分派、虚拟团队、多标准决策分析等。

2. C。力杨解析: **管理项目团队的输入包括问题日志、工作绩效报告、人力资源管理计划、项目人员分配表、团队绩效评估、组织过程资产**。

3. B。力杨解析: **根据题意应为"震荡阶段"**。

4. B。力杨解析: 项目经理更注重运用奖励权力、专家权力，尽量避免使用强制力。

5. C。力杨解析: 尊重的需求包括荣誉性奖励、形象及地位提升、颁发奖章、内训师等。

6. C。力杨解析: **执行阶段**包括进度冲突、**技术冲突**、资源冲突。

7. B。力杨解析: 责任分配矩阵RAM—RACI图(R—负责、A—参与、C—征求意见、I—通知)是最直观的方法。

8. D。力杨解析: 管理项目团队是跟踪团队成员个人的绩效和团队的绩效，提供反馈，解决问题并协调变更以提高项目绩效。

9. A。力杨解析：人事测评工具能让项目经理和项目团队洞察成员的优势和劣势。

二、案例题

【问题 1】力杨解析

存在的问题：

（1）小李项目管理经验不足，无法完成角色改变。

（2）缺乏团队的领导和管理能力。

（3）缺乏有效的沟通管理。

（4）未建立团队绩效评估体系。

（5）冲突管理处理得不好。

（6）小李的人际关系技能欠缺。

应对措施：

（1）跟踪个人和团队的执行情况、提供反馈。

（2）提高项目的绩效、保证项目的进度。

（3）以解决问题为导向管理好冲突。

（4）评估团队成员的绩效。

（5）提高沟通交流能力。

（6）掌握一些人际关系技能。

【问题 2】力杨解析

（1）观察和交谈。

（2）项目绩效评估。

（3）冲突管理。

（4）人际关系技能。

【问题 3】力杨解析

解决问题、合作、强制、妥协、求同存异、撤退。

【问题 4】力杨解析

（1）B。

（2）B。

（3）A。

（4）B。

第 12 章　项目沟通管理和干系人管理

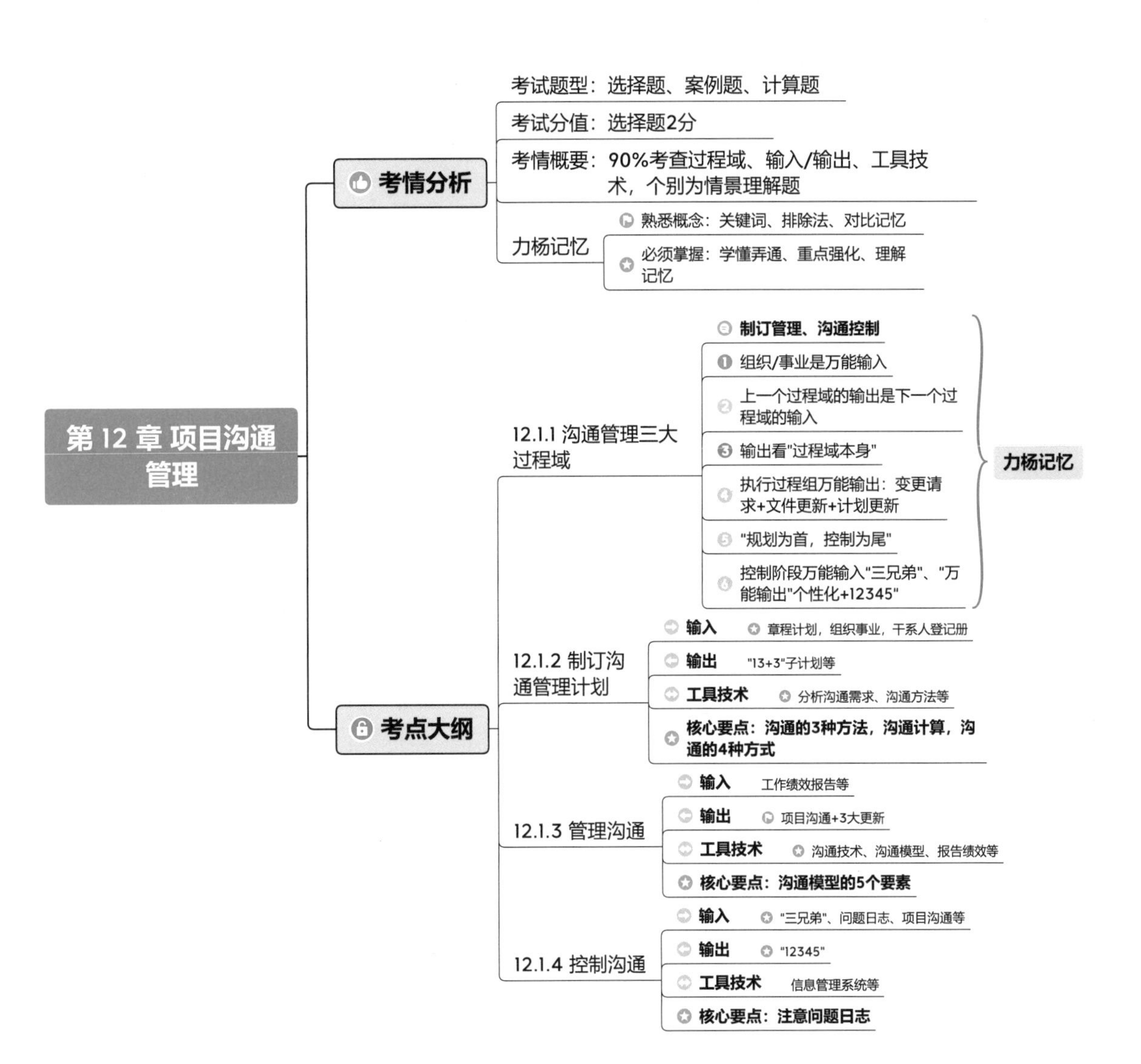

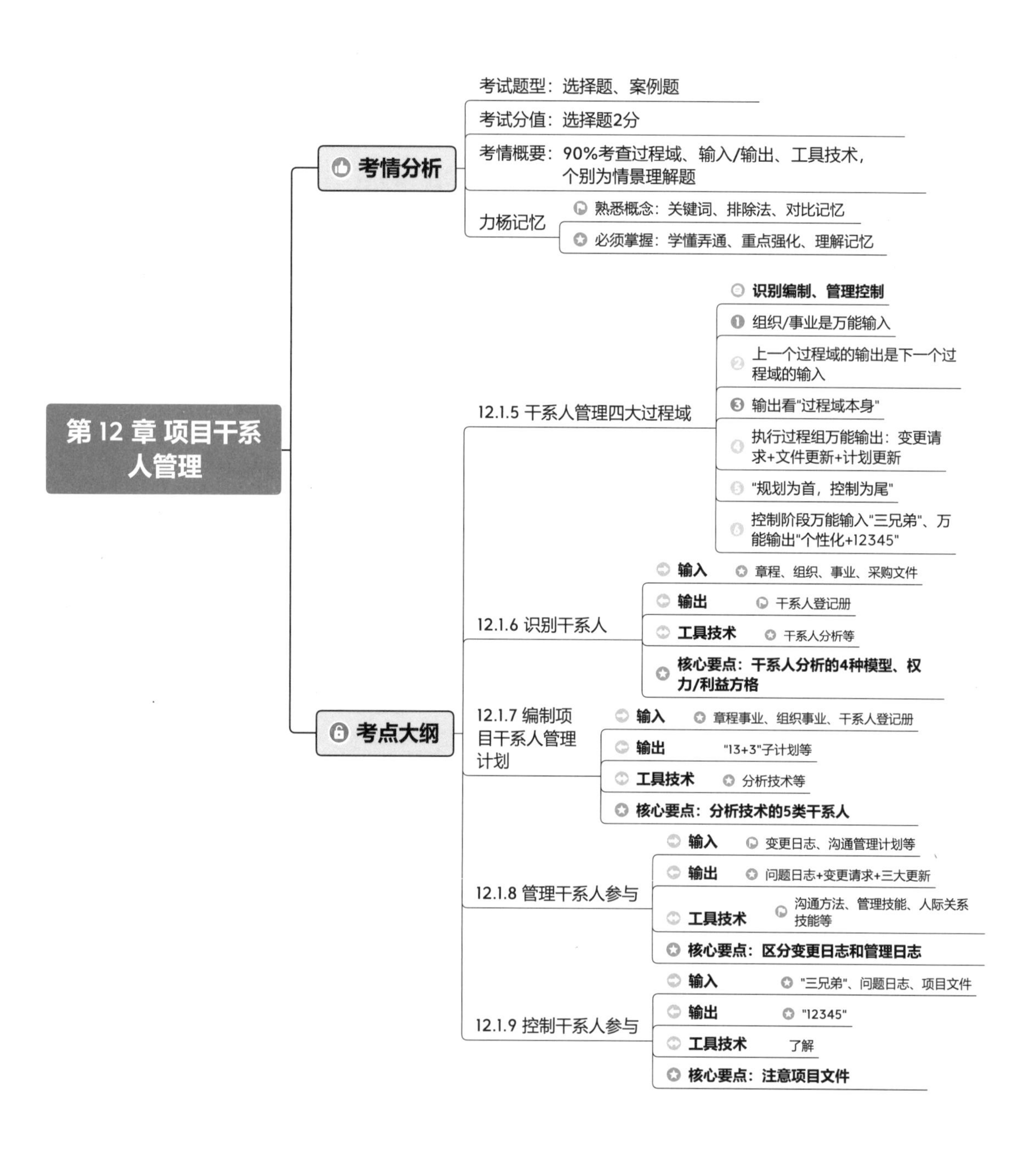
第 12 章 项目干系人管理
考情分析
考试题型：选择题、案例题
考试分值：选择题2分
考情概要：90%考查过程域、输入/输出、工具技术，个别为情景理解题
力杨记忆
熟悉概念：关键词、排除法、对比记忆
必须掌握：学懂弄通、重点强化、理解记忆
考点大纲
12.1.5 干系人管理四大过程域
识别编制、管理控制
组织/事业是万能输入
上一个过程域的输出是下一个过程域的输入
输出看"过程域本身"
执行过程组万能输出：变更请求+文件更新+计划更新
"规划为首，控制为尾"
控制阶段万能输入"三兄弟"、万能输出"个性化+12345"
12.1.6 识别干系人
输入
章程、组织、事业、采购文件
输出
干系人登记册
工具技术
干系人分析等
核心要点：干系人分析的4种模型、权力/利益方格
12.1.7 编制项目干系人管理计划
输入
章程事业、组织事业、干系人登记册
输出
"13+3"子计划等
工具技术
分析技术等
核心要点：分析技术的5类干系人
12.1.8 管理干系人参与
输入
变更日志、沟通管理计划等
输出
问题日志+变更请求+三大更新
工具技术
沟通方法、管理技能、人际关系技能等
核心要点：区分变更日志和管理日志
12.1.9 控制干系人参与
输入
"三兄弟"、问题日志、项目文件
输出
"12345"
工具技术
了解
核心要点：注意项目文件

12.1 学霸知识点

考情分析	选择题	案例题
	4分	掌握
力杨引言	引言：本章为项目沟通管理和干系人管理，结合到一起学习，项目沟通管理三大过程域，干系人管理四大过程域。学习建议：对过程域、工具与技术重点掌握。	

12.1.1 沟通管理三大过程域

三大过程域	沟通管理核心要点	过程组
制订沟通管理计划	**规划沟通管理**，根据干系人的信息需要和要求及组织的可用资产情况，制订合适的项目沟通方式和计划的过程	计划
管理沟通	根据沟通管理计划，生成、收集、分发、存储、检索及最终处置项目信息的过程	执行
控制沟通	在整个项目生命周期中对沟通进行监督和控制的过程，以确保满足项目干系人对信息的需求	监控
力杨记忆：【制订管理、沟通控制】，1+1+1组合，涵盖计划+执行+监控三大过程组		

12.1.2 制订沟通管理计划

1. 输入/输出

（1）**输入：**干系人登记册、项目管理计划、组织过程资产、事业环境因素。

（2）**输出：**沟通管理计划、项目文件更新。

（3）**工具和技术：**沟通需求分析、沟通技术、沟通模型、沟通方法、会议。

（力杨记忆：掌握“章程计划—组织事业”是规划阶段的万能输入，输入重点记“干系人登记册”，输出是“13+3子计划”）

2. 制订沟通管理计划的内容及作用

（1）制订沟通管理计划是根据干系人的信息需要和要求及组织的可用资产情况，制订合适的项目沟通方式和计划。

（2）制订沟通管理计划的主要作用是识别和记录与干系人最有效率且最有效果的沟通方式。

（3）沟通管理计划也可包括项目状态会议、项目团队会议、网络会议和电子邮件等各方面的指导原则。

（4）针对具体项目的不同要求和项目可利用资源，沟通管理计划可以以多种方式存在，正式的或非正式的、详细的或简单概括的、包含在项目总体管理计划内或者项目总体管理计划的从属部分等。

（5）干系人登记册包括主要沟通对象、关键影响人、次要沟通对象。

3. 信息传递方式的选择

（1）项目经理应选择适合本项目的信息传递方式（**并非固定渠道**）。

（2）需要进行**两方以及两方以上的信息交换**时，可以采取征询和讨论的方式。

（3）需要进行**发布信息**时，可以采取推销和叙述的方式。

12.1.3 管理沟通

1. 输入 / 输出

（1）**输入：**沟通管理计划、工作绩效报告、组织过程资产、事业环境因素。

（2）**输出：**项目沟通、项目文件更新、项目管理计划更新、组织过程资产更新。

（3）**工具和技术：沟通技术、沟通模型**、沟通方法、信息管理系统、**报告绩效**。

（力杨记忆："组织事业"是万能输入，"工作绩效报告"重点记，上一个过程域的输出是下一个过程域的输入，子计划"沟通管理计划"作为后续过程域的主要输入，输出就是"本身"+万能输出）

2. 管理沟通的内容及作用

（1）管理沟通是根据沟通管理计划，生成、收集、分发、存储、检索及最终处置项目信息的过程。

（2）管理沟通的主要作用是促进项目干系人之间实现有效率且有效果的沟通。

（3）进行沟通过程管理的**最终目标就是保障**干系人之间**有效地沟通**，有效地沟通包括效果和效率两个方面的内容。

12.1.4 控制沟通

1. 输入 / 输出

（1）**输入：**项目沟通、问题日志、项目管理计划、工作绩效数据、组织过程资产。

（2）**输出**：变更请求、工作绩效信息、项目文件更新、项目管理计划更新、组织过程资产更新。

（3）**工具和技术**：会议、专家判断、项目管理信息系统等。

（力杨记忆："项目管理计划＋工作绩效数据＋组织过程资产"是控制阶段的万能输入，上一个过程域的输出是下一个过程域的输入，"12345"五大控制阶段是万能输出，输入重点记"问题日志"）

2. 控制沟通的内容及作用

（1）控制沟通是在整个项目生命周期中对沟通进行监督和控制的过程，以确保满足项目干系人对信息的需求。

（2）控制沟通的主要作用是随时确保所有沟通参与者之间的信息流动的最优化。

（3）控制沟通过程可能引发重新开展规划沟通管理和（或）管理沟通。这种重复体现了项目沟通管理各过程的持续性质。

3. 沟通需求分析

潜在的沟通渠道的总量为 $n(n-1)/2$，其中 n 代表干系人的数量。【2020上·2021下】

【课堂演练】

某项目沟通协调会共有9人参加会议，此次会议的沟通渠道有（　　）条。

项目团队中原来有5名成员，后来又有4人加入项目，与之前相比，项目成员之间的沟通渠道增加了（　　）条。

参考答案：36、26

4. 沟通方法

（1）交互式**沟通**：在两方或多方之间进行多向信息交换，包括会议、电话、即时通信、视频会议等。【2020上】

（2）推式**沟通**：把信息发送给需要接收这些信息的特定接收方，包括信件、备忘录、报告、电子邮件、传真、语音邮件、日志、新闻稿等。【2022上】

（3）拉式**沟通**：用于信息量很大或受众很多的情况，包括企业内网、电子在线课程、经验教训数据库、知识库等。

5. 沟通模型五要素【2021下】

（1）**编码**：把思想或想法转化为他人能理解的语言。

（2）**信息和反馈信息：**编码过程所得到的结果。

（3）**媒介：**用来传递信息的方法。

（4）**噪声：**干扰信息传输和理解的一切因素。

（5）**解码：**把信息还原成有意义的思想或想法。

6. 沟通的方式【2021 下】

（1）参与讨论方式（头脑风暴）：参与程度最强、控制程度最弱。

（2）征询方式：调查问卷。

（3）推销方式（说明）：叙述解释。

（4）叙述方式（劝说鼓动）：参与程度最弱、控制程度最强。

（力杨记忆：注意次序，参与程度依次减弱、控制程度依次增强，“讨论→征询→推销→叙述”）

12.1.5　干系人管理四大过程域

四大过程域	干系人管理核心要点	过程组
识别干系人	识别能影响项目决策、活动或结果的个人、群体或组织，以及被项目决策、活动或者结果影响的个人、群体或者组织，并分析和记录他们的相关信息的过程	启动
编制项目干系人管理计划	规划干系人管理，基于干系人的需求、利益及对项目成功的潜在影响的分析，制定合适的管理策略，以有效调动干系人参与整个项目生命周期的过程	计划
管理干系人参与	在整个项目生命周期中，还要与项目的干系人维持不断地沟通，解决他们之间的问题	执行
控制干系人参与	全面监督项目干系人之间的关系，调整策略和计划，以调动干系人参与的过程	监控
力杨记忆：【识别编制、管理控制】，1+1+1+1 组合，涵盖启动＋计划＋执行＋监控四大过程组		

12.1.6　识别干系人

1. 输入 / 输出

（1）**输入：采购文件**、项目章程、组织过程资产、事业环境因素。

（2）**输出：**干系人登记册。

（3）**工具和技术：**会议、专家判断、干系人分析等。

（力杨记忆：输入重点记“采购文件”，输出“两册之一的干系人登记册”）

2. **识别干系人的内容及作用**

（1）识别干系人是识别能影响项目决策、活动或结果的个人、群体或组织，以及被项目决策、活动或者结果影响的个人、群体或者组织，并分析和记录他们的相关信息的过程。

（2）项目干系人包括项目当事人和其利益受该项目影响（受益或受损）的个人和组织，也可以把他们称作项目的利害关系者。

（3）在项目或者阶段的早期就识别干系人，并分析他们的利益层次、个人期望、重要性和影响力对项目的成功非常重要。

12.1.7　编制项目干系人管理计划

1. **输入/输出**

（1）**输入：**项目管理计划、干系人登记册、组织过程资产、事业环境因素。

（2）**输出：**干系人管理计划、项目文件更新。

（3）**工具和技术：**专家分析、分析技术、会议等。

（力杨记忆：掌握"章程计划—组织事业"是规划阶段的万能输入，输入重点记"干系人登记册"，输出是"13+3子计划"，上一个过程域的输出是下一个过程域的输入。注意，输入与制订沟通管理计划一致）

2. **编制项目干系人管理计划的内容及作用**

（1）编制项目干系人管理计划是基于干系人的需求、利益及对项目成功的潜在影响的分析，制定合适的管理策略，以有效地调动干系人参与整个项目生命周期的过程。

（2）编制项目干系人管理计划的主要作用是为项目经理提供与干系人互动的清晰计划，以促进项目成功。

（3）编制项目干系人管理计划是**一个反复的过程，是项目经理的例行工作之一**。

12.1.8　管理干系人参与

1. **输入/输出**

（1）**输入：变更日志**、沟通管理计划、干系人管理计划、组织过程资产。

（2）**输出：问题日志**、变更请求、项目文件更新、项目管理计划更新、组织过程资产更新。

（3）**工具和技术：**沟通方法、管理技能、人际关系技能等。

（力杨记忆："变更日志是输入、问题日志是输出"重点记，上一个过程域的输出是下一个过程域的输入，子计划"干系人管理计划"作为后续过程域的主要输入，输出就是"问题日志"+万能输出）

2. 管理干系人参与的内容及作用

（1）管理干系人是在整个项目生命周期中与干系人进行沟通和协作，以满足他们的需求与期望，解决实际出现的问题，并**促进干系人合理参与项目活动的过程**。

（2）管理干系人参与的主要作用是帮助项目经理提升来自干系人的支持，并把干系人的抵制降到最低，从而显著提高项目成功的机会。

3. 管理干系人参与活动

（1）调动干系人适时参与项目，以获得或确认他们对项目成功的持续承诺。

（2）通过协商和沟通管理干系人的期望，**确保项目目标实现**。

（3）处理尚未成为问题的干系人关注点，预测干系人未来可能提出的问题。需尽早识别和讨论这些关注点，以便评估相关的项目风险。

（4）澄清和解决已经识别出的问题。

12.1.9 控制干系人参与

1. 输入 / 输出

（1）**输入：**问题日志、项目文件、项目管理计划、工作绩效数据。

（2）**输出：**变更请求、工作绩效信息、项目文件更新、项目管理计划更新、组织过程资产更新。

（3）**工具和技术：**会议、专家判断、信息管理系统等。

（力杨记忆："项目管理计划＋工作绩效数据"是控制阶段的万能输入，上一个过程域的输出是下一个过程域的输入，"12345"是五大控制阶段的万能输出，输入重点记"项目文件"）

2. 控制干系人参与的内容及作用

（1）控制干系人参与是**全面监督项目干系人之间的关系**，调整策略和计划，以调动干系人参与的过程。

（2）控制干系人参与的主要作用是随着项目进展和环境变化，维持并提升干系人参与活动的效率和效果。

3. 干系人分析

干系人分析是系统地收集和分析各种定量与定性信息，以便确定在整个项目中应该考虑哪些人的利益，通过干系人分析，识别出干系人的利益、期望和影响，并把他们与项目的目的联系起来。

4. 干系人分析的步骤

（1）识别干系人及其相关信息。

（2）分析干系人可能的影响并把他们分类和排序。

（3）评估干系人对不同情况可能做出的反应，以便制定相应策略对他们施加正面影响。

（力杨记忆：注意顺序，识别→分析→评估）

5. 干系人分类模型

（1）权力 / 利益方格：根据干系人的职权大小和对**项目结果的关注（利益）**程度进行分类。【2020 上】

（2）权力 / 影响方格：根据干系人的职权大小以及**主动参与（影响）项目的程度**进行分类。

（3）影响 / 作用方格：根据干系人主动参与（影响）项目的程度及**改变项目计划或者执行的能力**进行分类。

（4）凸显模型：根据干系人的权力（施加自己意愿的能力）、**紧迫程度和合法性**对干系人进行分类。

（力杨记忆：权力大、利益大应重点管理；权力小、利益大应随时告知；权力大、利益小应令其满意；权力小、利益小应花最少的时间监督）【2022 上】

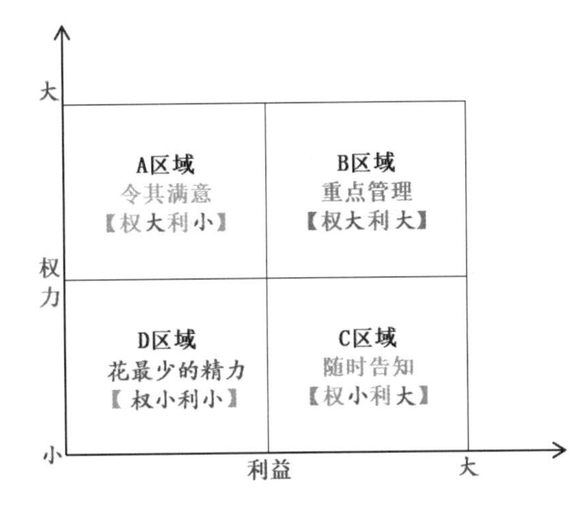

6. 分析技术

干系人的参与程度分为不了解、抵制、中立、支持、领导。可以使用“干系人当前参与

评估矩阵”工具记录干系人的当前参与程度。C 表示干系人当前参与程度，D 表示所需干系人参与程度。【2021 上】

干系人	不了解	抵　制	中　立	支　持	领　导
干系人 1	C			D	
干系人 2			C	D	
干系人 3				DC	

12.2 学霸演练

一、选择题

1. 某项目沟通协调会共有 8 人参加会议，此次会议沟通渠道有（　　）条。

A. 10　　B. 28　　C. 56　　D. 64

2. 参与程度最弱、控制程度最强属于（　　）沟通方式。

A. 讨论　　B. 征询　　C. 推销　　D. 叙述

3. 识别干系人属于（　　）过程组。

A. 启动　　B. 计划　　C. 执行　　D. 监控

4.（　　）不属于控制干系人参与的输入。

A. 变更日志　　B. 问题日志

C. 工作绩效数据　　D. 项目文件

二、案例题

【沟通、干系人管理】案例分析

某省交通运输厅信息中心对省内高速公路部分路段的监控系统进行升级改造，该项目是省重点项目，涉及 5 个系统集成商、1 个软件供应商、3 个运维服务商以及 10 个路桥管理单位。项目工期仅为两个月，沟通管理的好坏决定了项目的成败。

小张作为项目经理，在项目建设全过程中建立了项目领导小组的周例会制度，制订了详细的沟通计划，并根据项目发展阶段识别了不同阶段的关键干系人，形成了干系人登记册，根据沟通需求不同，设置不同的沟通方式，细化了相应的沟通管理策略（见下表），并完善了沟通管理计划。在项目执行过程中，周报告采用邮件方式发布，出现的问题采用短信的方式定制发送，使项目如期完工并得到省交通运输厅的好评。

项目阶段	沟通管理策略
需求分析与设计	通过集成商、供应商与路桥管理单位面对面进行沟通，尽快获取了系统建设的详细需求和设备的具体选型，项目需求和设备方案赢得了路桥管理单位的签字认可
集成	集成商、供应商、路桥管理单位、省厅信息中心等需要密切配合，每一个变更都需要得到路桥管理单位的确认，并通知省厅信息中心
测试	系统集成商、软件供应商、运维服务商都需要参与，路桥管理单位、省厅信息中心进行验收测试

【问题1】(8分)

(1) 结合案例，请计算该项目的沟通渠道总数。

(2) 请指出项目经理的以下活动对应的管理过程。

活　动	所属过程
建立了项目领导小组的周例会制度	
根据项目发展阶段，识别了不同阶段的关键干系人	
在项目执行过程中，周报告采用邮件方式发布，出现的问题采用短信的方式定制发送	

A. 规划沟通　B. 管理沟通　C. 控制沟通　D. 识别干系人

E. 规划干系人管理　F. 管理干系人

【问题2】(6分)

结合案例分析中的以下干系人，请分别写出干系人影响(作用)方格对应的项目阶段。

序　号	干系人影响(作用)方格	项目阶段
(1)	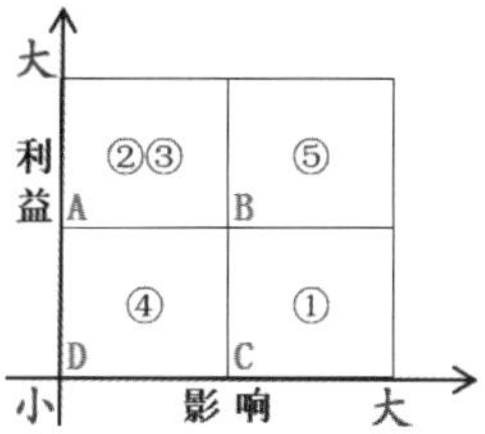 纵轴：利益（小→大）；横轴：影响（小→大）；A区：②③；B区：⑤；D区：④；C区：①	

续表

序　号	干系人影响（作用）方格	项目阶段
（2）	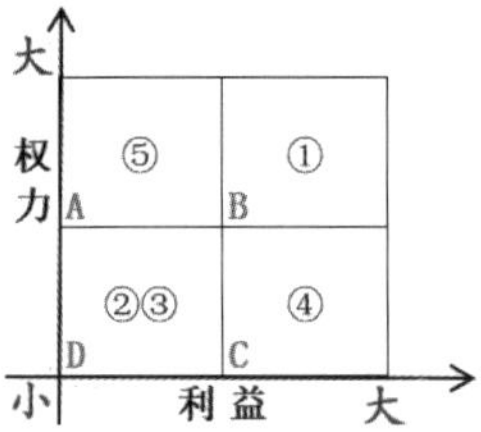 大 权力 A ⑤　B ① D ②③　C ④ 小　利益　大	
（3）	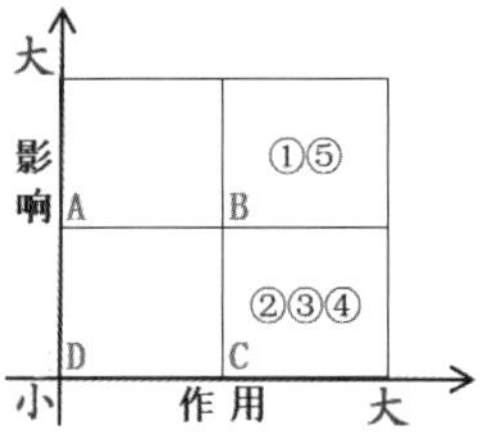 大 影响 A　B ①⑤ D　C ②③④ 小　作用　大	

①省交通运输厅信息中心；②系统集成商；③软件供应商；④运维服务商；⑤路桥管理单位。

【问题 3】（6 分）

在试运行阶段，项目经理分析的干系人的参与程度见下表。此时，项目经理是否需要干预？如何干预？（注：C 表示当前参与程度，D 表示所需参与程度。）

干系人	不了解	抵　制	中　立	支　持	领　导
省交通运输厅信息中心					CD
系统集成商				CD	
软件供应商				CD	
A 运维服务商	C			D	
B 路桥管理单位			C		D

【问题 4】（5 分）

从候选答案中选择正确选项，将该选项的编号填入对应栏内。

工作绩效报告是（1）的输入，工作绩效数据是（2）的输入，问题日志是（3）的输入，制定干系人管理计划活动属于（4）过程，分析绩效与干系人进行沟通，提出变更请求属于（5）

过程。

A. 管理沟通　B. 控制沟通　C. 识别干系人　D. 管理干系人
E. 规划干系人管理　F. 控制干系人参与

参考答案:

一、选择题

1. B。力杨解析: $n(n-1)/2=28$。

2. D。力杨解析: 注意顺序是“论→征→推→述”。

3. A。力杨解析: 识别干系人、制定项目章程属于“启动过程组”。

4. A。力杨解析:“变更日志”属于管理干系人的主要输入。

二、案例题

【问题1】送分题，强调过

(1) 省交通运输厅信息中心、5个系统集成商、1个软件供应商、3个运维服务商以及10个路桥管理单位，合计干系人数量为20。(力杨提醒: 此题有坑，建设方也是干系人，强调过的)

沟通渠道总数 $=n(n-1)/2=20\times(20-1)\div2=190$

(2) 对应的管理过程见下表。

活　动	所属过程
建立了项目领导小组的周例会制度	A. 规划沟通
根据项目发展阶段，识别了不同阶段的关键干系人	D. 识别干系人
在项目执行过程中，周报告采用邮件方式发布，出现的问题采用短信的方式定制发送	B. 管理沟通

【问题2】理解送分题

(1) 根据图可知，路桥管理单位位于“重点管理”，因此，处于**需求分析与设计**阶段。

(2) 根据图可知，省交通运输厅信息中心位于“重点管理”，因此，处于**集成**阶段。

(3) 根据图可知，省交通运输厅信息中心、路桥管理单位位于“重点管理”，因此，处于**测试**阶段。

【问题3】理解题

(1) 需要干预。

（2）A 运维服务商为“C”，表示不了解，因此需要加强沟通，尽可能地得到“**支持**”；B 路桥管理单位为“C”，表示中立，应该通过沟通让他来“**领导**”。

【问题 4】送分题

工作绩效报告是（管理沟通）的输入，工作绩效数据是（控制沟通、控制干系人参与）的输入，问题日志是（控制干系人参与）的输入，制订干系人管理计划活动属于（规划干系人管理）过程，分析绩效与干系人进行沟通，提出变更请求属于（管理干系人）过程。

A. 管理沟通　　B. 控制沟通　　C. 识别干系人　　D. 管理干系人

E. 规划干系人管理　　F. 控制干系人参与

参考答案：

（1）A。

（2）B、F。

（3）F。

（4）E。

（5）D。

第 13 章　项目合同管理

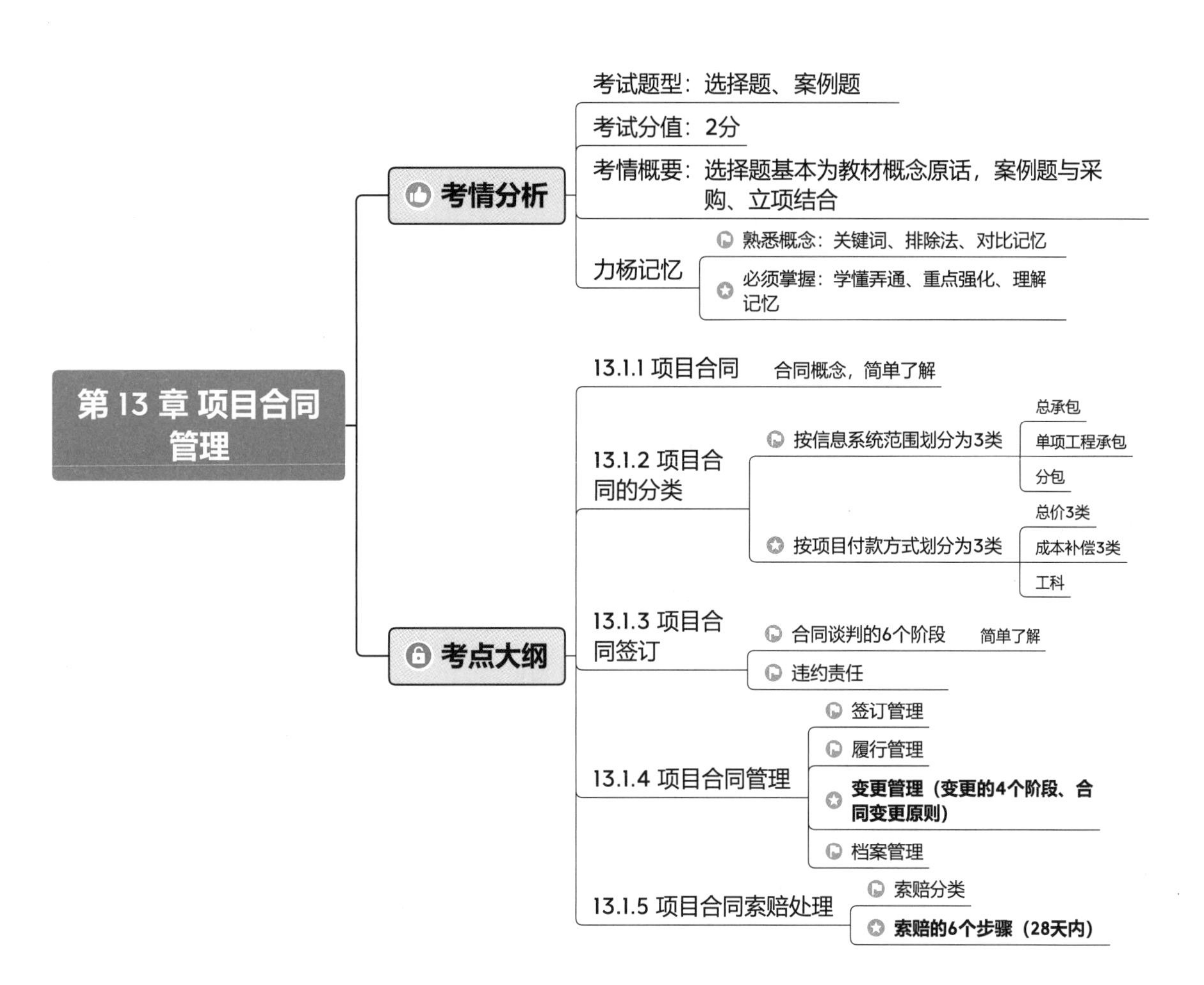

第 13 章 项目合同管理
考情分析
考试题型：选择题、案例题
考试分值：2分
考情概要：选择题基本为教材概念原话，案例题与采购、立项结合
力杨记忆
熟悉概念：关键词、排除法、对比记忆
必须掌握：学懂弄通、重点强化、理解记忆
考点大纲
13.1.1 项目合同
合同概念，简单了解
13.1.2 项目合同的分类
按信息系统范围划分为3类
总承包
单项工程承包
分包
按项目付款方式划分为3类
总价3类
成本补偿3类
工料
13.1.3 项目合同签订
合同谈判的6个阶段
简单了解
违约责任
13.1.4 项目合同管理
签订管理
履行管理
变更管理（变更的4个阶段、合同变更原则）
档案管理
13.1.5 项目合同索赔处理
索赔分类
索赔的6个步骤（28天内）

13.1 学霸知识点

<table>
<tr><td rowspan="2">考情分析</td><td>选择题</td><td>案例题</td></tr>
<tr><td>2 分</td><td>掌握</td></tr>
<tr><td>力杨引言</td><td colspan="2">引言：本章为项目合同管理，注意和立项管理招投标、采购管理结合学习，对合同分类、合同索赔、合同变更等重点掌握。学习建议：考点比较聚焦，重点掌握。2022 年下半年案例重点关注。</td></tr>
</table>

13.1.1 项目合同

1. 合同的概念

（1）合同又称为“契约”。

（2）信息系统工程合同是指与信息系统工程策划、咨询、设计、开发、实施、服务及保障等有关的各类合同。

2. 合同的法律特征

（1）合同是一种民事法律行为。

（2）合同是一种双方或多方共同的民事法律行为。

（3）合同以在当事人之间设立、变更、终止财产性的民事权利义务为目的。

（4）订立、履行合同应当遵守相关的法律及行政法规。

（5）合同依法成立，即具有法律约束力。

3. 有效合同原则具备的特点

（1）签订合同的当事人应当具有相应的民事权利能力和民事行为能力。

（2）意思表示真实。

（3）不违反法律或社会公共利益。

4. 无效合同的类型

（1）一方以欺诈、胁迫的手段订立合同。

（2）恶意串通，损害国家、集体或者第三方利益。

（3）以合法形式掩盖非法目的。

（4）损害社会公共利益。

（5）违反法律、行政法规的强制性规定。

13.1.2 项目合同的分类

1. 合同按信息系统范围划分

按范围划分	概　念	应用及特点
总承包合同	**“交钥匙合同”**，发包人把信息系统工程建设从开始立项、论证、设计、采购、施工到竣工的**全部任务**一并发包给一个具有资质的承包人	有利于发挥承包人的专业优势，保证项目的质量和进度，提高投资效益。采用这种方式，买方只需与一个卖方沟通，容易管理与协调
单项工程承包合同	发包人将信息系统工程建设的不同工作任务分别发包给不同的承包人	有利于吸引更多的承包人参与投标竞争，使发包人有更大的选择余地，有利于发包人对建设工程的各个环节实施直接的监督管理，适用于对那些工程建设有较强管理能力的发包人
分包合同	总承包单位将其承包的部分项目再发包给子承包单位	如果分包的项目出现问题，**买方既可以要求卖方承担责任，也可以直接要求分包方承担责任**

2. 订立项目分包合同必须同时满足5个条件

（1）经过买方认可或合同约定。

（2）分包的部分必须是项目**非主体／非关键性工作**。

（3）只能分包部分项目，而**不能转包整个项目**。

（4）分包方必须具备相应的资质条件。

（5）分包方不能再次分包。

3. 合同按项目付款方式划分

（1）**总价合同**：固定价格合同，特点是承包人有成本超支风险，发包人能够控制总价，发包人风险低。适用于工程量不太大且能精确计算、工期较短、技术不太复杂、风险不大的项目。同时要求发包人必须具备详细全面的设计图纸和各项说明，使承包人能准确计算工程量。

① **固定总价合同（FFP）**：**总包合同**，买方必须准确规定所采购的产品或服务，特点是范围确定。适用条件：工程量小、工期短（1年以内）、环境因素变化小、工程条件稳定并合理；工程设计详细，图纸完整、清楚，工程任务和范围明确；工程结构和技术简单，风险小；投标期相对宽裕；目标和验收标准明确。

② **总价加激励费用合同**（FPIF）：为买方和卖方都提供了一定的灵活性，允许有一定的绩效偏离，并对实现既定目标给予财务奖励。

③ **总价加经济价格调整合同**（FP-EPA）：如果卖方履约要跨越相当长的周期（2 年以上），就应该使用总价加经济价格调整合同。

（2）**成本补偿合同**：由发包人向承包人支付为完成工作而发生的全部合法实际成本（可报销成本），并且以事先约定的某一种方式外加一笔费用作为卖方的利润。特点是承包人无风险、报酬往往较低；发包人对工程造价不易控制，发包人有成本超支风险。适用条件：需要立即开展工作的项目、对项目内容及技术经济指标未确定的项目、风险大的项目；工作范围在开始时无法准确定义、需要在后续调整且风险高的项目。【2021 下・2022 上】

① **成本加固定费用合同**（CPFF）：为卖方报销履行合同工作所发生的一切可列支成本，并向卖方支付一笔固定费用作为利润，该费用以项目初始估算成本的某一百分比计算。

② **成本加激励费用合同**（CPIF）：为卖方报销履行合同工作所发生的一切可列支成本，并在卖方达到合同规定的绩效目标时，向卖方支付**预先确定的激励费用**。

③ **成本加奖励费用合同**（CPAF）：为卖方报销履行合同工作所发生的一切可列支成本，买方再凭自己的主观感觉给卖方支付一笔利润，完全由买方根据自己对卖方绩效的主观判断来决定奖励费用，并且卖方通常无权申诉。【2020 上】

（3）**工料合同**（T&M）：兼具成本补偿合同和总价合同的某些特点的混合型合同。在不能很快编写出准确工作说明书的情况下，经常使用工料合同来增加人员、聘请专家和寻求其他外部支持；适用范围比较宽，其风险可以得到合理的分摊，并且能鼓励承包人通过提高工效等手段从成本节约中提高利润；合同履行中需要注意双方对工作量的确定。【2021 上】

① 与成本补偿合同的相似之处在于都是**开口合同**。

② **在时间紧迫的情况下**，选择工料合同比较稳妥。

13.1.3 项目合同签订

1. 违约责任

（1）继续履行。

（2）采取补救措施。

（3）赔偿损失。

（4）支付约定违约金或定金。

2. 项目合同签订的注意事项

当事人的法律资格；质量验收标准；验收时间；技术支撑服务（一般为半年到一年）；损害赔偿；保密约定；合同附件；法律公证。

3. 合同谈判

准备阶段、开局摸底阶段、报价阶段、磋商阶段、成交阶段、认可阶段。

13.1.4 项目合同管理

1. 合同管理过程

（1）合同签订管理。

（2）合同履行管理。

（3）合同变更管理。

（4）合同档案管理。

（5）合同违约索赔管理。（力杨记忆：重点掌握合同变更管理、合同违约索赔管理）

2. 合同变更

（1）变更的提出。

（2）变更请求的审查。

（3）变更的批准。

（4）变更的实施。（力杨记忆：提出审查→批准实施）

3. 合同变更原则

“公平合理”**是合同变更的处理原则，变更合同价款按下列方法进行。**

（1）首先确定合同变更量清单，然后确定变更价款。【2021 下】

（2）合同中**已有适用于项目变更的价格**，按合同已有的价格变更合同价款。

（3）合同中**只有类似于项目变更的价格**，可以参照类似价格变更合同价款。

（4）合同中**没有适用或类似项目变更的价格**，由承包人提出适当的变更价格，经监理工程师和业主确认后执行。

13.1.5 项目合同索赔处理

1. 合同索赔

索赔是双向的，建设单位和承建单位都可以提出索赔要求。

（1）按索赔的目的分类：工期索赔（针对买方）、费用索赔（**买方和卖方均涉及**）。

（2）按索赔的业务性质分类：工程索赔（一般发生频率高，索赔费用高）、商务索赔。

（3）按索赔的处理方式分类：单项索赔、总索赔。

2. 合同索赔流程

（1）提出索赔要求→报送索赔资料→监理工程师答复→索赔认可→关于持续索赔→仲裁与诉讼。（均应在28天内。）

（2）合同索赔和争议一般流程：**谈判（协商）→调解→仲裁→诉讼**。【2021上】

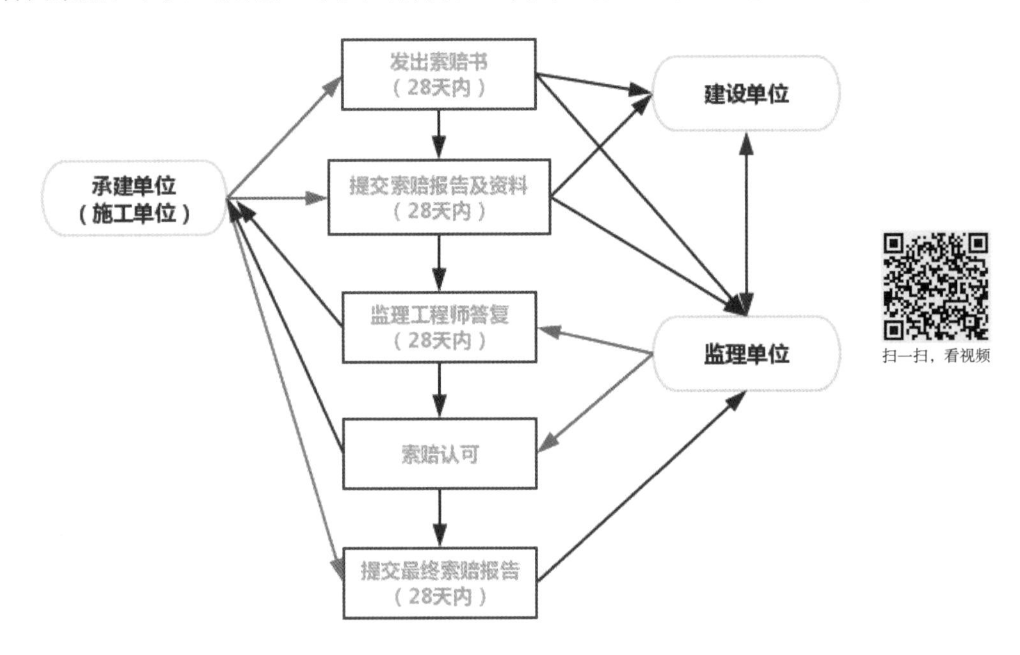

13.2 学霸演练

1.（　　）为买方和卖方都提供了一定的灵活性，它允许有一定的绩效偏离，并对实现既定目标给予财务奖励。

A. 固定总价合同　　B. 总价加激励费用合同

C. 总价加经济价格调整合同　　D. 工料合同

2. 合同索赔和争议，首先应（　　）。

A. 调解　　B. 谈判　　C. 仲裁　　D. 诉讼

3. **关于合同变更的流程正确的是（　　）。**

①变更请求的审查；②变更的批准；③变更的提出；④变更的实施

A. ①②③④　　B. ②①③④　　C. ③①②④　　D. ③①④②

4.（　　）**适用于对那些工程建设有较强管理能力的发包人。**

A. 总承包合同　　B. 单项承包合同　　C. 分包合同　　D. 工料合同

5. **关于分包合同的说法错误的是（　　）。**

A. 经过卖方认可

B. 分包的部分必须是项目非主体工作

C. 只能分包部分项目，而不能转包整个项目

D. 分包方不能再次分包

6. **合同签订事项中针对技术支撑服务，一般是（　　）年。**

A. 三个月至半年　　B. 半年至一年

C. 一年至两年　　D. 一年至三年

7. **在时间紧迫的情况下，选择（　　）比较稳妥。**

A. 固定总价合同　　B. 总价加激励费用合同

C. 总价加经济价格调整合同　　D. 工料合同

8.（　　）**为卖方报销履行合同工作所发生的一切可列支成本，买方再凭自己的主观感觉给卖方支付一笔利润，完全由买方根据自己对卖方绩效的主观判断来决定奖励费用，并且卖方通常无权申诉。**

A. 成本加固定费用合同　　B. 成本加激励费用合同

C. 成本加奖励费用合同　　D. 工料合同

参考答案：

1. B。力杨解析：总价加激励费用合同（FPIF）为买方和卖方都提供了一定的灵活性，允许有一定的绩效偏离，并对实现既定目标给予财务奖励。

2. B。力杨解析：合同索赔和争议一般流程：**谈判（协商）→调解→仲裁→诉讼**。

3. C。力杨解析：**合同变更的流程：**①变更的提出；②变更请求的审查；③变更的批准；④变更的实施。

4. B。力杨解析：单项承包合同适用于对那些工程建设有较强管理能力的发包人。

5. A。力杨解析：经过买方认可。

6. B。力杨解析：半年至一年。

7. D。力杨解析：**在时间紧迫的情况下**，选择工料合同比较稳妥。

8. C。力杨解析：**成本加奖励费用合同**（CPAF）是指为卖方报销履行合同工作所发生的一切可列支成本，买方再凭自己的主观感觉给卖方支付一笔利润，完全由买方根据自己对卖方绩效的主观判断来决定奖励费用，并且卖方通常无权申诉。

第 14 章　项目采购管理

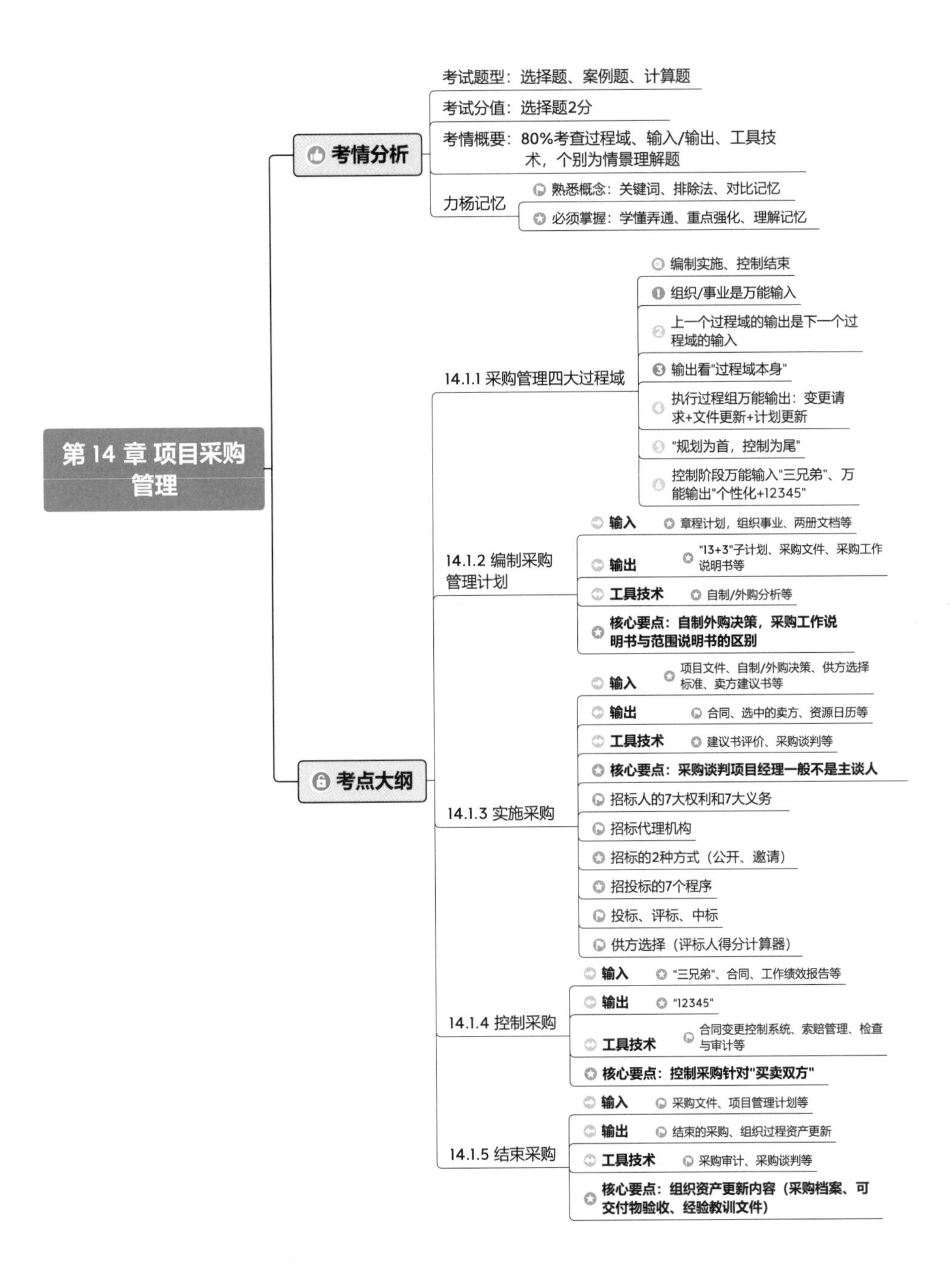

第 14 章 项目采购管理
考情分析
考试题型：选择题、案例题、计算题
考试分值：选择题2分
考情概要：80%考查过程域、输入/输出、工具技术，个别为情景理解题
力杨记忆
熟悉概念：关键词、排除法、对比记忆
必须掌握：学懂弄通、重点强化、理解记忆
考点大纲
14.1.1 采购管理四大过程域
编制实施、控制结束
组织/事业是万能输入
上一个过程域的输出是下一个过程域的输入
输出看"过程域本身"
执行过程组万能输出：变更请求+文件更新+计划更新
"规划为首，控制为尾"
控制阶段万能输入"三兄弟"、万能输出"个性化+12345"
14.1.2 编制采购管理计划
输入
章程计划，组织事业、两册文档等
输出
"13+3"子计划、采购文件、采购工作说明书等
工具技术
自制/外购分析等
核心要点：自制外购决策，采购工作说明书与范围说明书的区别
14.1.3 实施采购
输入
项目文件、自制/外购决策、供方选择标准、卖方建议书等
输出
合同、选中的卖方、资源日历等
工具技术
建议书评价、采购谈判等
核心要点：采购谈判项目经理一般不是主谈人
招标人的7大权利和7大义务
招标代理机构
招标的2种方式（公开、邀请）
招投标的7个程序
投标、评标、中标
供方选择（评标人得分计算器）
14.1.4 控制采购
输入
"三兄弟"、合同、工作绩效报告等
输出
"12345"
工具技术
合同变更控制系统、索赔管理、检查与审计等
核心要点：控制采购针对"买卖双方"
14.1.5 结束采购
输入
采购文件、项目管理计划等
输出
结束的采购、组织过程资产更新
工具技术
采购审计、采购谈判等
核心要点：组织资产更新内容（采购档案、可交付物验收、经验教训文件）

14.1 学霸知识点

考情分析	选择题	案例题
	2分	必须掌握
力杨引言	引言：本章为项目采购管理，四大过程域，与合同、立项管理结合学习。案例重点关注。	

14.1.1 采购管理四大过程域

四大过程域	采购管理核心要点	过程组
编制采购管理计划	**规划采购**，决定采购什么、何时采购、如何采购，还要记录项目对于产品、服务或成果的需求，并且寻求潜在的供应商	计划
实施采购	从潜在的供应商处获取适当的信息、报价、投标书或建议书；选择供方，审核所有建议书或报价，在潜在的供应商中选择，并与选中者谈判最终合同	执行
控制采购	管理合同以及买卖双方之间的关系，监控合同的执行情况；审核并记录供应商的绩效以及采取必要的纠正措施，并作为将来选择供应商的参考；管理与合同相关的变更	监控
结束采购	完结本次项目采购的过程，完成并结算合同，包括解决任何未解决的问题，并就与项目或项目阶段相关的每项合同进行收尾工作	收尾
力杨记忆：【编制实施、控制结束】，1+1+1+1 组合，涵盖计划 + 执行 + 监控 + 收尾四大过程组		

14.1.2 编制采购管理计划

1. 输入 / 输出

（1）**输入：**需求文档、项目进度、风险登记册、干系人登记册、活动资源要求、活动成本估算、项目管理计划、组织过程资产、事业环境因素。【2022 上】

（2）**输出：**变更申请、采购文件、采购管理计划、采购工作说明书、供方选择标准、自制 / 外购决策、可能的项目文件更新。

（3）**工具和技术：**会议、专家判断、市场调研、自制 / 外购分析。

（力杨记忆：掌握"章程计划—组织事业"是规划阶段的万能输入，输入 / 输出均需掌握，"采购文件"是后续过程域的主要输入，注意区分工具和技术"自制 / 外购分析"与输出"自

制 / 外购决策”）

2. 自制 / 外购决策

决定项目的哪些产品、服务或成果需要外购，哪些自制更为合适。

（1）如果决定自制，那么可能要在采购计划中规定组织内部的流程和协议。

（2）如果决定外购，那么要在采购计划中规定与产品或服务供应商签订协议的流程。

（3）自制 / 外购决策、采购管理计划、采购工作说明书和供方选择标准为“实施采购”过程提供了依据。

3. 自制 / 外购分析

（1）在进行自制 / 外购分析时，有时项目的执行组织可能有能力自制，但是可能与其他项目有冲突或自制成本明显高于外购，在这些情况下，项目需要从外部采购，以兑现进度承诺。

（2）任何预算限制都可能是影响决定自制 / 外购的因素，如果决定外购，还要进一步决定是购买还是租借，自制 / 外购分析应该考虑所有相关的成本，无论是直接成本还是间接成本。

（3）在进行自制 / 外购的过程中也要确定合同的类型，以决定买卖双方如何分担风险，而双方各自承担的风险程度则取决于具体的合同条款。保密项目有能力自制的进行自制。

4. 工作说明书（SOW）

（1）工作说明书是对项目所要提供的产品、成果或服务的描述。

（2）工作说明书与项目范围说明书的区别。

① **工作说明书**是对项目所要提供的产品或服务的叙述性的描述。

② **项目范围说明书**则通过明确项目应该完成的工作来确定项目的范围。

14.1.3 实施采购

1. 输入 / 输出

（1）**输入：**采购文件、采购管理计划、采购工作说明书、项目文件、卖方建议书、供方选择标准、自制 / 外购决策、组织过程资产。【2021 下】

（2）**输出：**合同、**资源日历**、变更请求、选中的卖方、项目管理计划更新。

（3）**工具和技术：**广告、采购谈判、独立估算、专家判断、分析技术、投标人分析、建议书评价。

（力杨记忆：上一个过程域的输出是下一个过程域的输入，子计划“采购管理计划”作为后续过程域的主要输入，输入 / 输出均重点记）

2. 招投标

（1）投标人应当在招标文件要求提交投标文件的截止时间前，将投标文件送达投标地点。

（2）投标人应当按照招标文件的要求编制投标文件。投标文件应当对招标文件提出的实质性要求和条件做出实质性响应。

（3）投标人根据招标文件载明的项目实际情况，拟在中标后将中标项目的部分非主体、非关键性工作进行**分包**的，应当在投标文件中载明。

（4）投标人在招标文件要求提交投标文件的截止时间前，可以补充、修改或者撤回已提交的投标文件，并书面通知招标人。

（5）招投标程序：发布招标→根据情况组织所有潜在投标人勘查现场→投标人投标→开标→评标→确定中标人→订立合同。

3. 招标人的权利与义务

招标人权利	招标人义务
（1）招标人有权自行选择招标代理机构 （2）在招标文件要求提交投标文件截止时间至少15日前，招标人可以以书面形式对已发出的招标文件进行必要的澄清或者修改 （3）招标人有权也应当对在招标文件要求提交的截止时间后送达的投标文件拒收 （4）招标人根据评标委员会提出的书面评估报告和推荐的中标候选人确定中标人	（1）依法必须进行招标的项目，自招标文件开始发出之日起至提交投标文件截止之日止，最短不得少于20日 （2）中标人确定后，招标人应当向中标人发出中标通知书，并同时将中标结果通知所有未中标的投标人 （3）招标人和中标人应当自中标通知书发出之日起30日内，按照招标文件和中标人的投标文件订立书面合同

14.1.4 控制采购

1. 输入 / 输出

（1）**输入：**合同、采购文件、工作绩效报告、批准的变更请求、项目管理计划、工作绩效数据。

（2）**输出：**变更请求、工作绩效信息、项目文件更新、项目管理计划更新、组织过程资产更新。

（3）**工具和技术：**报告绩效、支付系统、**索赔管理**、检查与审计、**记录管理系统**、采购绩效评审、合同变更控制系统。

（力杨记忆："项目管理计划 + 工作绩效数据"是控制阶段的万能输入，上一个过程域的输出是下一个过程域的输入，"12345"五大控制阶段是万能输出，输入重点记"批准的变更请求 + 工作绩效报告"）

2. 控制采购的内容

（1）控制采购是管理采购关系、监督合同执行情况，并根据需要实施变更和采取纠正措施的过程。

（2）买卖双方的任何一方都需要确保对方能正常履约，这样他们的合法权利就能得到维护，这就需要对合同的执行进行管理。

（3）控制采购过程是买卖双方都需要的。该过程确保卖方的执行符合合同需求，确保买方可以按合同条款去执行。

（4）在合同收尾前，经双方共同协商，可以根据协议中的变更控制条款，及时对协议进行修改。这种修改通常都要书面记录下来。

14.1.5 结束采购

1. 输入 / 输出

（1）**输入：**采购文件、项目管理计划。

（2）**输出：**结束的采购、组织过程资产更新（采购档案、可交付物验收、经验教训文件）。

（3）**工具和技术：**采购审计、采购谈判、记录管理系统。【2022 上】

（力杨记忆：收尾过程组，"采购文件 + 项目管理计划"是输入）

2. 结束采购的内容

（1）结束采购是完结本次项目采购的过程，完成并结算合同，包括解决任何未解决的问题。

（2）完成每一次项目采购，都需要结束采购过程。结束采购是项目收尾或者阶段收尾过程的一部分，它把合同和相关文件归档以备将来参考，因为项目收尾或者阶段收尾过程已核实本阶段或本项目所有工作和项目可交付物**是否为可接受的**。

14.1.6 采购管理总结及要点知识

1. 工具与技术

工具与技术	过程域	概　念
采购谈判	采购→实施采购	采购谈判过程以买卖双方签署文件（如合同、协议）为结束标志。项目经理可以不是合同的主谈人。在合同谈判期间，项目管理团队可列席，并在需要时，就项目的技术、质量和管理要求进行澄清
独立估算	采购→实施采购	对于很多采购事项，采购组织能够对其成本进行独立的估算以检验卖方建议书中的报价。如果报价与估算成本有很大差异，则可能表明合同工作说明书不恰当，或者潜在卖方误解或没能完全理解和答复工作说明书，或者市场已经发生了变化。独立估算常被称为"合理费用"估算
采购绩效审查	采购→控制采购	采购绩效审查是一种系统的、结构化的审查，既包括对卖方所编文件的审查，也包括买方开展的检查，以及在卖方实施工作期间进行的质量审计
投标人会议	采购→实施采购	在准备建议书之前与潜在供应商举行的会议（发包会、承包商会议、供应商会议、投标前会议、竞标会议）

2. 采购

（1）采购是从项目团队外部获得产品、服务或成果的完整的购买过程。

（2）IT 项目采购的对象一般分为**工程**、**产品 / 货物**和**服务**三大类，有时工程或服务会以项目的形式通过招投标程序实施采购。

（3）采购必须要满足**技术与质量要求**，同时应满足经济性或价格合理要求。

（4）在不同的应用领域，合同也被称为**协议**、**规定**、**分包合同**或**采购订单**。

3. 常见的采购文件

常见的采购文件有方案邀请书（RFP）、报价邀请书（RFQ）、征求供应商意见书（RFI）、投标邀请书（IFB）、招标通知、洽谈邀请以及承包商初始建议征求书。

14.2 学 霸 演 练

1.（　　）**不属于实施采购的输出。**

A. 选中的卖方　　B. 合同　　C. 资源日历　　D. 卖方建议书

2. 依法必须进行招标的项目，自招标文件开始发出之日起至提交投标文件截止之日止，最短不得少于（　　）日。

A. 15　　B. 20　　C. 30　　D. 60

3. 招标人和中标人应当自中标通知书发出之日起（　　）日内，按照招标文件和中标人的投标文件订立书面合同。

A. 15　　B. 20　　C. 30　　D. 60

4.（　　）不属于控制采购的输入。

A. 采购文件　　B. 合同　　C. 批准的变更请求　　D. 工作绩效信息

5.（　　）记录项目对于产品、服务或成果的需求，并且寻求潜在的供应商。

A. 编制采购管理计划　　B. 实施采购

C. 控制采购　　D. 结束采购

6. 在选择潜在卖方时基于既定加权标准对卖方进行打分，则卖方得分评分项权重为（　　）。

评分项	权重	评定人1打分	评定人2打分	评定人3打分
技术水平	50%	2	3	2
企业资质	30%	1	1	2
经验	20%	3	2	2

A. 1.9　　B. 2.2　　C. 2　　D. 2.03

参考答案：

1. D。力杨解析：**实施采购的输入**包括采购文件、采购管理计划、采购工作说明书、项目文件、卖方建议书、供方选择标准、自制/外购政策、组织过程资产；**输出**包括合同、资源日历、变更请求、选中的卖方、项目管理计划更新；**工具和技术**包括广告、采购谈判、独立估算、专家判断、分析技术、投标人分析、建议书评价。

2. B。力杨解析：5+15=20（日）。

3. C。力杨解析：**合同签订是30日内。**

4. D。力杨解析：**控制采购的输入**包括合同、采购文件、工作绩效报告、批准的变更请求、项目管理计划、工作绩效数据；**输出**包括变更请求、工作绩效信息、项目文件更新、项目管理计划更新、组织过程资产更新；**工具和技术**包括报告绩效、支付系统、**索赔管理**、检查与审计、**记录管理系统**、采购绩效评审、合同变更控制系统。

5. A。力杨解析：编制采购管理计划记录项目对于产品、服务或成果的需求，并且寻求潜在的供应商。

6. D。力杨解析：评分权重 = 技术水平 + 企业资质 + 经验 =(2+3+2) ÷ 3 × 50%+(1+1+2) ÷ 3 × 30%+(3+2+2) ÷ 3 × 20%=(7 × 0.5+4 × 0.3+7 × 0.2) ÷ 3=2.03。

第 15 章　信息文档管理和配置管理

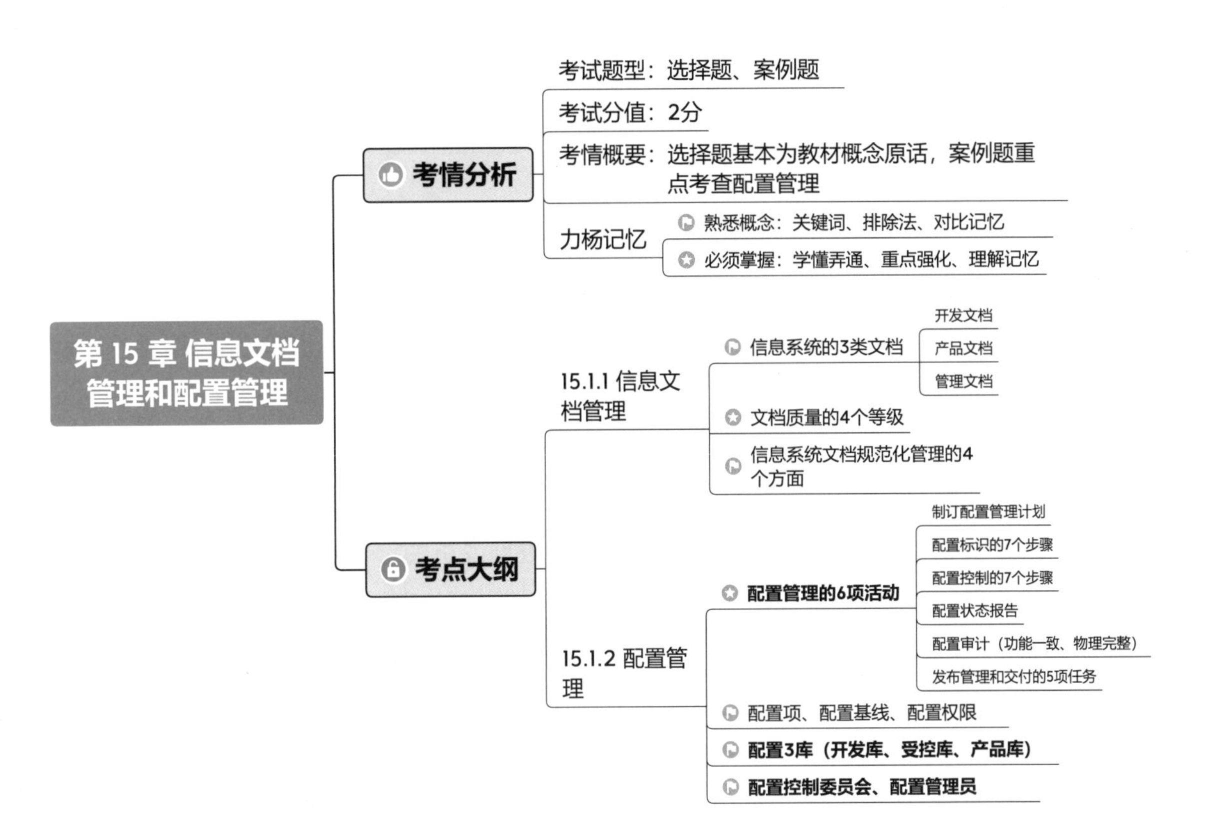

15.1　学霸知识点

考情分析	选择题	案例题
	2分	掌握
力杨引言	引言：本章为信息文档管理和配置管理，主要是选择题。学习建议：考点比较聚焦，重点掌握。	

15.1.1　信息文档管理

1. 信息文档分类

（1）开发**文档**：可行性研究报告和项目任务书、需求规格说明、功能规格说明、设计规格说明（包括程序和数据规格说明）、开发计划、软件集成及测试计划、质量保证计划、安全和测试信息。

（2）产品**文档**：培训手册、参考手册和用户指南、软件支持手册、产品手册和信息广告。

（3）管理**文档**：开发过程的每个阶段的进度和进度变更的记录、软件变更情况的记录、开发团队的职责定义、项目计划、项目阶段报告、配置管理计划。

2. 信息文档质量分类

（1）最低限度**文档（1级文档）**：适合开发工作量**低于一个人月的开发者自用程序**。该文档应包含**程序清单、开发记录、测试数据和程序简介**。

（2）内部**文档（2级文档）**：可用于**没有与其他用户共享资源的专用程序**。除1级文档提供的信息外，2级文档还包括程序清单内**足够的注释以帮助用户安装和使用程序**。

（3）工作**文档（3级文档）**：适合于由**同一单位内若干人联合开发的程序，或可被其他单位使用的程序**。

（4）正式**文档（4级文档）**：适合那些要**正式发行供普遍使用的软件产品**。**关键性程序**或具有重复管理应用性质（如**工资计算**）的程序需要4级文档。

3. 信息系统文档管理规范化管理

文档书写规范、图表编号规则、文档目录编写标准、文档管理制度。

15.1.2 配置管理

1. 配置管理 6 项活动

制订配置管理计划、配置标识、配置控制、配置状态报告、配置审计、发布管理和交付。

2. 典型配置项内容

（1）典型配置项包括项目计划书、需求文档、设计文档、源代码、可执行代码、测试用例、运行软件所需的各种数据，它们经评审和检查通过后进入配置管理。

（2）所有配置项的操作权限应由 CMO（配置管理员）严格管理。【2022 上】

（3）配置项**分类**。基线配置项：向开发人员开放读取的权限；非基线配置项：向 PM、CCB 及相关人员开放。

3. 配置项状态及版本号

配置项状态可分为“草稿”“正式”和“修改”三种。

（1）配置项刚建立时，其状态为“草稿”（0.YZ，YZ 的数字范围为 01 ～ 99）。【2022 上】

（2）配置项通过评审后，其状态变为“正式”（X.Y，X 为主版本号，取值范围为 1 ～ 9，Y 为次版本号，取值范围为 0 ～ 9）。

（3）此后若更改配置项，则其状态变为“修改”（版本号格式为 X.YZ）。

（4）当配置项修改完毕并重新通过评审时，其状态又变为“正式”。【2020 下 · 2021 上】

4. 配置基线

（1）通常对应于开发过程中的里程碑（milestone），一个产品可以有多个基线，也可以只有一个基线。【2020 上】

（2）交付给外部顾客的基线一般称为**发行基线**（release），内部开发使用的基线一般称为**构造基线**（build）。

（3）对于每一个基线，要定义下列内容：建立基线的事件、受控的配置项、建立和变更基线的程序、批准变更基线所需的权限。在项目实施过程中，每个基线都要纳入配置控制，对这些基线的更新只能采用正式的变更控制程序。

5. 配置库

（1）配置库存放配置项并记录与配置项相关的所有信息，是配置管理的有力工具，利用配置库中的信息可回答许多配置管理的问题。【2020 上 · 2021 下】

扫一扫，看视频

配置库	内　容
开发库	也称为动态库、程序员库或工作库，用于保存开发人员当前正在开发的配置实体。动态库是开发人员的个人工作区，由开发人员自行控制
受控库	也称为主库，包含当前的基线加上对基线的变更。在信息系统开发的某个阶段工作结束时，将当前的工作产品存入受控库
产品库	也称为静态库、发行库、软件仓库，包含已发布使用的各种基线的存档。在开发的信息系统产品完成系统测试之后，作为最终产品存入产品库内，等待交付用户或现场安装

6. 配置控制委员会（CCB）

（1）CCB 负责对配置变更做出评估、审批以及监督已批准变更的实施。

（2）CCB 建立在项目级，其成员可以包括项目经理、用户代表、产品经理、开发工程师、测试工程、质量控制人员、配置管理员等。

（3）CCB 不必是常设机构，完全可以根据工作的需要组成，如按变更内容和变更请求的不同，组成不同的 CCB。小的项目 CCB 可以只有一个人，甚至只是兼职人员。通常，CCB 不只是控制配置变更，而是负有更多的配置管理任务，如配置管理计划审批、基线设立审批、产品发布审批等。

7. 配置管理员（CMO）

（1）CMO 负责在整个项目生命周期中进行配置管理活动。

（2）具体活动：编写配置管理计划；建立和维护配置管理系统；建立和维护配置库；配置项识别；建立和管理基线；版本管理和配置控制；配置状态报告；配置审计；发布管理和交付；对项目成员进行配置管理培训。

8. 配置标识

配置标识是配置管理员的职能。

（1）识别需要受控的配置项。

（2）为每个配置项指定唯一性的标识号。

（3）定义每个配置项的重要特征。

（4）确定每个配置项的所有者及其责任。

（5）确定配置项进入配置管理的时间和条件。

（6）建立和控制基线。

（7）维护文档和组件的修订与产品版本之间的关系。

9. **配置控制**

配置控制的流程：变更申请→变更评估→通知评估结果→变更实施→变更验证与确认→变更发布→**基于配置库的变更控制**。

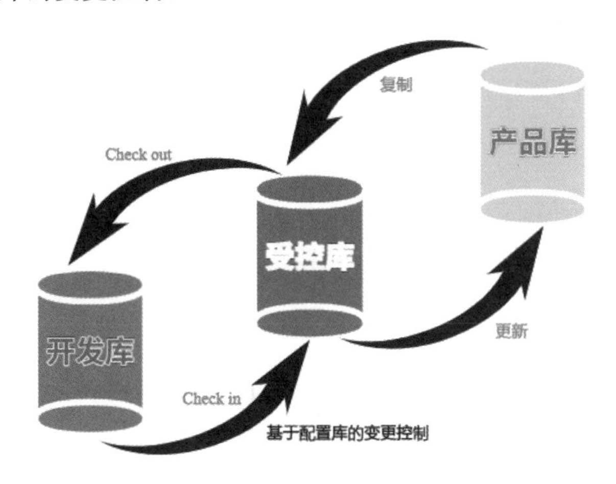

（1）将待升级的基线（假设版本号为 V2.1）从产品库取出，放入**受控库**。

（2）程序员将欲修改的代码段从受控库检出（Check out），放入自己的开发库中进行修改。代码被 Check out 后即被“锁定”，以保证同一段代码只能同时被一个程序员修改，如果甲正对其进行修改，乙就无法 Check out。

（3）程序员将开发库中修改好的代码段检入（Check in）**受控库**。Check in 后，代码的“锁定”被解除，其他程序员便可以 Check out 该段代码。

（4）软件产品的升级修改工作全部完成后，将受控库中的新基线存入产品库中（软件产品的版本号更新为 V2.2，旧的 V2.1 版并不删除，继续在产品库中保存）。

10. **配置状态报告**

（1）配置状态报告也称**配置状态统计**，其任务是有效地记录和报告管理配置所需要的信息，目的是及时准确地给出配置项的当前状况，供相关人员了解，以加强配置管理工作。

（2）配置状态报告应着重反映当前基线配置项的状态，以向管理者报告系统开发活动的进展情况。配置状态报告应定期进行，并尽量通过 CASE 工具自动生成，用数据库中的客观数据来真实地反映各配置项的情况。

11. **配置审计**

（1）配置审计也称**配置审核或配置评价**，包括**功能配置审计**和**物理配置审计**，分别用于验证当前配置项的一致性和完整性。（力杨记忆：功能一致、物理完整）

（2）配置审计的实施是为了确保项目配置管理的有效性，体现了配置管理的最根本要求——不允许出现任何混乱现象。【2021 下】

12. **发布管理和交付活动**

（1）发布管理和交付活动的主要任务是有效控制软件产品和文档的发行和交付，在软件产品的生存期内妥善保存代码和文档的母复制。

（2）发布管理和交付活动主要包括存储、复制、打包、交付、重建。【2020 上】

15.2 学 霸 演 练

1. **培训手册属于（　　）。**

A. 开发文档　　B. 产品文档　　C. 管理文档　　D. 应用文档

2. （　　）**适合于由同一单位内若干人联合开发的程序，或可被其他单位使用的程序。**

A. 1 级文档　　B. 2 级文档　　C. 3 级文档　　D. 4 级文档

3. **以下表示正式版本号的是（　　）。**

A. 0.01　　B. 0.5　　C. 1.9　　D. 1.14

4. **关于配置审计的说法错误的是（　　）。**

A. 也称配置审核或配置评价

B. 包括功能配置审计和物理配置审计

C. 物理配置审计用于验证当前配置项的一致性

D. 配置审计的目的是不允许出现任何混乱现象

5. **发布管理和交付活动不包括（　　）。**

A. 存储　　B. 移交　　C. 打包　　D. 交付

6. **定义每个配置项的重要特征是配置管理（　　）的内容。**

A. 配置标识　　B. 配置审计　　C. 发布管理与交付　　D. 配置控制

参考答案：

1. B。力杨解析：培训手册属于产品文档。

2. C。力杨解析：注意关键词“联合程序”。

3. C。力杨解析：送分题。

4. C。力杨解析：配置审计也称配置审核或配置评价，包括功能配置审计和物理配置审计，分别用于验证当前配置项的一致性和完整性。（力杨记忆：功能一致、物理完整）

5. B。力杨解析：发布管理和交付活动主要包括存储、复制、打包、交付、重建。

6. A。力杨解析：考查配置标识的内容。

第 16 章 变 更 管 理

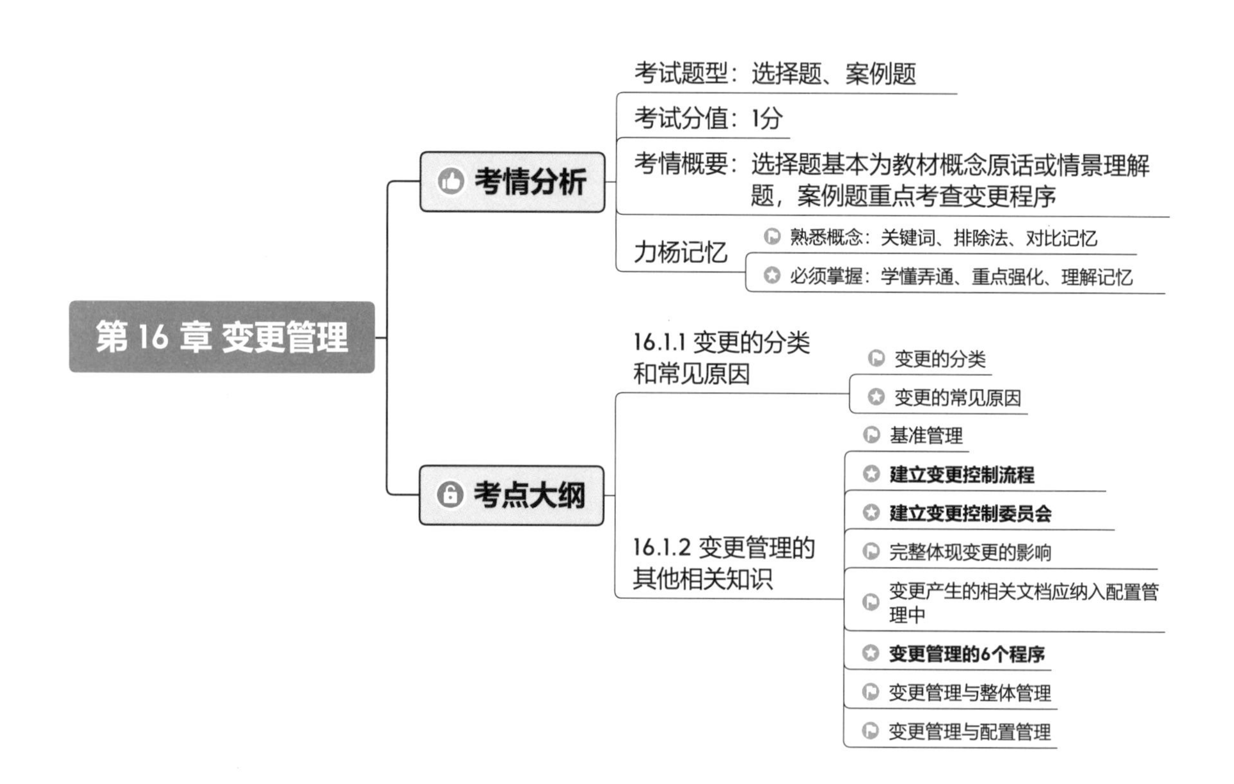

第 16 章 变更管理
考情分析
考试题型：选择题、案例题
考试分值：1分
考情概要：选择题基本为教材概念原话或情景理解题，案例题重点考查变更程序
力杨记忆
熟悉概念：关键词、排除法、对比记忆
必须掌握：学懂弄通、重点强化、理解记忆
考点大纲
16.1.1 变更的分类和常见原因
变更的分类
变更的常见原因
16.1.2 变更管理的其他相关知识
基准管理
建立变更控制流程
建立变更控制委员会
完整体现变更的影响
变更产生的相关文档应纳入配置管理中
变更管理的6个程序
变更管理与整体管理
变更管理与配置管理

16.1 学霸知识点

考情分析	选择题	案例题
	1分	必须掌握
力杨引言	引言：本章为变更管理，注意与整体管理、范围管理等结合学习，考试案例必考。	

16.1.1 变更的分类和常见原因

1. 变更分类

（1）**根据变更性质分类：**重大变更、重要变更、一般变更，可通过不同审批权限控制。【2021 下】

（2）**根据紧迫性分类：**紧急变更、非紧急变更，可通过不同的变更处理流程进行控制。

（3）**根据变更所发生的领域和阶段：**进度变更、成本变更、质量变更、设计变更、实施变更、范围变更等。

（4）**根据变更来源分类：**内部变更、外部变更。

2. 变更的常见原因

产品范围（成果）定义的过失或者疏忽、项目范围（工作）定义的过失或者疏忽、增值变更、应对风险的紧急计划或回避计划、项目执行过程与基准要求不一致带来的被动调整、外部事件。

16.1.2 变更管理的其他相关知识

1. 变更管理的基本原则及内容

（1）变更管理的基本原则是建立项目基准、变更流程和变更控制委员会。

（2）变更管理的内容如下：

① 基准**管理：**基准是变更的依据。在项目实施过程中，基准计划确定并经过评审后（通常用户应参与部分评审工作），建立初始基准。此后每次变更通过评审后，都应重新确定基准。

② **变更控制**流程化：建立或选用符合项目需要的变更管理流程，所有变更都必须遵循这个控制流程进行控制。流程化的作用在于将变更的原因、专业能力、资源运用方案、决策权、干系人的共识、信息流转等元素有效综合起来，按科学的顺序进行。

③ **明确组织分工**（建立变更控制委员会）：至少应明确变更相关工作的评估、评审、执行的职能。

④ 评估变更**的可能影响**：变更的来源是多样的，既需要完成对客户可视的成果、交付期等变更操作，又需要完成对客户不可视的项目内部工作的变更，如实施方的人员分工、管理工作、资源配置等。

⑤ 妥善保存**变更产生的相关文档**，确保其完整、及时、准确、清晰，必要时可以引入配置管理工具。

2. 项目控制委员会（CCB）或配置控制委员会（CCB）

（1）CCB 是项目的所有者权益代表，负责裁定接受哪些变更。

（2）CCB 由项目所涉及的多方人员共同组成，通常包括用户和实施方的决策人员。

（3）CCB 是决策机构，不是作业机构（可以不是常设机构）。通常 CCB 的工作是通过评审手段来决定项目基准是否能变更，但**不提出变更方案**。

3. 项目经理

（1）项目经理是受业主委托对项目经营过程的负责者，其正式权力由项目章程取得，而资源调度的权力通常在基准中明确。基准中不包括的储备资源需经授权人批准后方可使用。

（2）项目经理在变更中的作用，是响应变更提出者的需求，评估变更对项目的影响及应对方案，将需求由技术要求转化为资源需求，供授权人决策，并据评审结果实施，即调整基准。确保项目基准反映项目实施情况。

扫一扫，看视频　扫一扫，看视频

4. 变更管理组织机构与工作程序

（1）**提出**变更申请。

（2）变更影响**分析**。

（3）项目管理委员会**审查**批准。

（4）**实施**变更。

（5）**监控**变更实施。

（6）**结束**变更。（力杨记忆：提出分析→审查实施→监控结束）

5. 变更控制流程

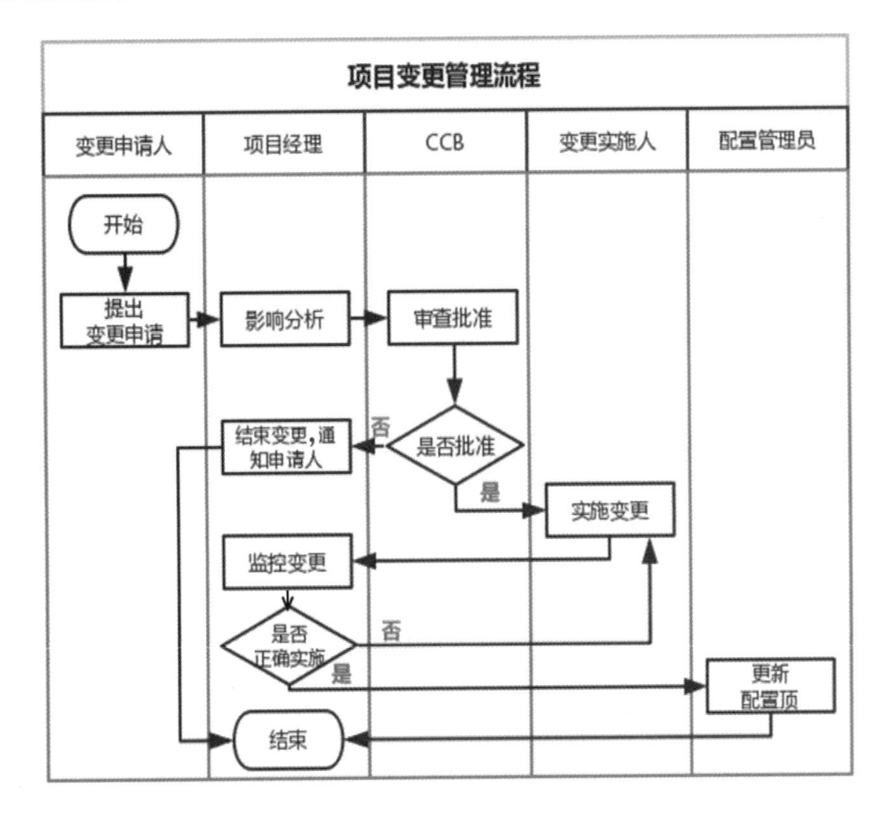

6. 变更管理部分配置管理活动

（1）配置项识别。

（2）配置状态记录。

（3）配置确认与审计。

16.2 学霸演练

1. 变更管理根据变更性质分类，不包括（　　）。

A. 重大变更　　B. 重要变更　　C. 一般变更　　D. 紧急变更

2. 以下关于项目控制委员会（CCB）的说法错误的是（　　）。

A. CCB是项目的所有者权益代表，负责裁定接受哪些变更

B. CCB 是作业机构，可以不是常设机构

C. CCB 由项目所涉及的多方人员共同组成

D. 通常 CCB 的工作是通过评审手段来决定项目基准是否能变更，但不提出变更方案

3. **在变更控制管理流程中，影响分析应由（　　）进行。**

A. 变更申请人　B. 项目经理　C. CCB　D. 配置管理员

4. **在变更控制管理流程中，更新配置项应由（　　）完成。**

A. 变更申请人　B. 项目经理　C. CCB　D. 配置管理员

5. **内部变更和外部变更是按照（　　）分类的。**

A. 变更来源　B. 变更性质　C. 变更紧迫性　D. 变更领域

6. **变更管理中包含的配置管理活动不包括（　　）。**

A. 配置项识别　B. 配置控制　C. 配置状态记录　D. 配置确认与审计

参考答案：

1. D。力杨解析：紧急变更属于“紧迫性”分类。

2. B。力杨解析：CCB 是决策机构。

3. B。力杨解析：影响分析应由项目经理进行。

4. D。力杨解析：更新配置项应由配置管理员完成。

5. A。力杨解析：内部变更、外部变更是根据变更来源分类的。

6. B。力杨解析：变更管理中包含的配置管理活动有配置项识别、配置状态记录、配置确认与审计。

第 17 章　信息系统安全管理

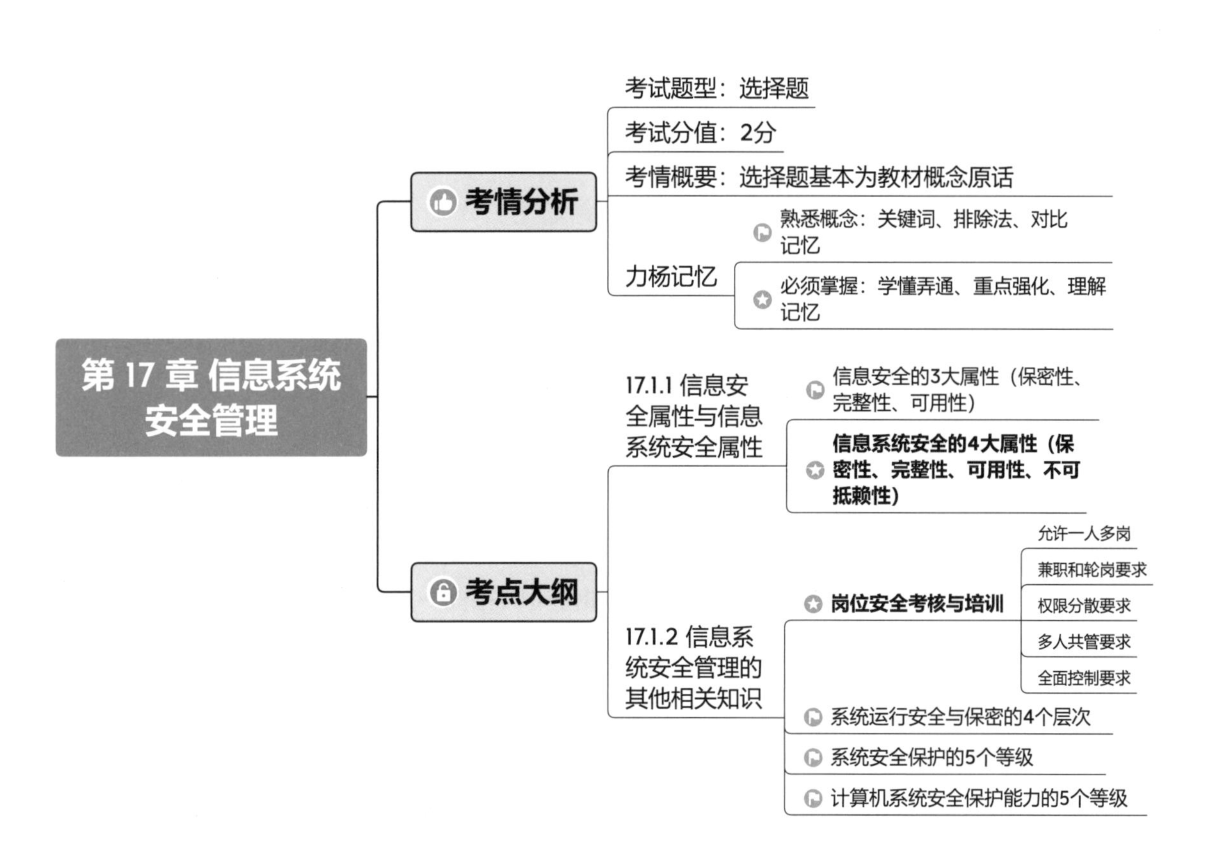

17.1 学霸知识点

考情分析	选择题	案例题
	2分	熟悉
力杨引言	引言：本章为信息系统安全管理，与第1章部分内容结合起来学习。	

17.1.1 信息安全属性与信息系统安全属性

1. 信息安全属性

（1）**保密性**：信息不被泄露给未授权的个人、实体和过程以及不被其使用的特性。简单地说，就是确保所传输的数据只被其预定的接收者读取，如网络安全协议、身份认证服务、数据加密。

（2）**完整性**：保护资产的正确和完整的特性，如CA认证、数字签名、防火墙系统、传输安全、入侵检测系统。

（3）**可用性**：需要时，授权实体可以访问和使用的特性，如磁盘和系统的容错、可接受的登录及进程性能、可靠的功能性的安全进程和机制、数据冗余及备份。

（4）其他属性：真实性、可核查性、可靠性。

2. 信息系统安全属性

（1）**保密性**：应用系统的信息不被泄露给非授权的用户、实体和过程以及供其利用的特性，如最小授权原则、防暴露、信息加密、物理保密。【2020上】

（2）**完整性**：信息未经授权不能进行改变的特性，如协议、纠错编码方法、密码校验方法、数字签名、公证。【2021下】

（3）**可用性**：应用系统信息可被授权实体访问并按需求使用的特性，即信息服务在需要时，允许授权用户或实体使用的特性，或者是网络部分受损或需要降级使用时，仍能为授权用户提供有效服务的特性。

（4）**不可抵赖性**：不可否认性，在应用系统的信息交互过程中，确信参与者的真实统一性。

17.1.2 信息系统安全管理的其他相关知识

1. 岗位安全考核与培训

（1）对安全管理员、系统管理员、数据库管理员、网络管理员、重要业务开发人员、系统维护人员和重要业务应用操作人员等信息系统关键岗位人员进行统一管理；允许一人多岗，但业务应用操作人员不能由其他关键岗位人员兼任；关键岗位人员应定期接受安全培训，加强安全意识和风险防范意识。

（2）兼职和轮岗要求：业务开发人员和系统维护人员**不能兼任或担负安全管理员、系统管理员、数据库管理员、网络管理员和重要业务应用操作人员等岗位或工作**，必要时关键岗位人员应采取定期轮岗制度。

（3）权限分散要求：应坚持关键岗位"权限分散、不得交叉覆盖"的原则，系统管理员、数据库管理员、网络管理员不能相互兼任岗位或工作。

（4）多人共管要求：关键岗位人员处理重要事务或操作时，应保持二人同时在场，关键事务应多人共管。

（5）全面控制要求：应采取对内部人员全面控制的安全保证措施，对所有岗位工作人员实施全面安全管理。**【2020・2021上・2022上】**

2. 系统运行安全与保密的层次构成

（1）系统级**安全**：企业应用系统越来越复杂，因此制定得力的系统级安全策略才是从根本上解决问题的基础，是应用系统的第一道防护大门。（力杨记忆：最先考虑）

（2）资源访问**安全**：对程序资源的访问进行安全控制。

（3）功能性**安全**：功能性安全会对程序流程产生影响。

（4）数据域**安全**：行级数据域安全、字段级数据域安全。（力杨记忆：必考题）

3. 信息系统的安全保护等级

由两个定级要素决定，等级保护对象受到破坏时所侵害的客体和对客体造成侵害的程度。

（1）第一级：国家不损害、社会公共利益不损害、公民及个人受损害。

（2）第二级：国家不损害、社会公共利益受损害、公民及个人受严重损害。

（3）第三级：**国家受损害**、社会公共利益受严重损害。

（4）第四级：国家受严重损害、社会公共利益受特别严重损害。

（5）第五级：国家受特别严重损害。（力杨记忆：重点看国家是否受到损害，若受到损害，

则直接判定为第三级）【2022 上】

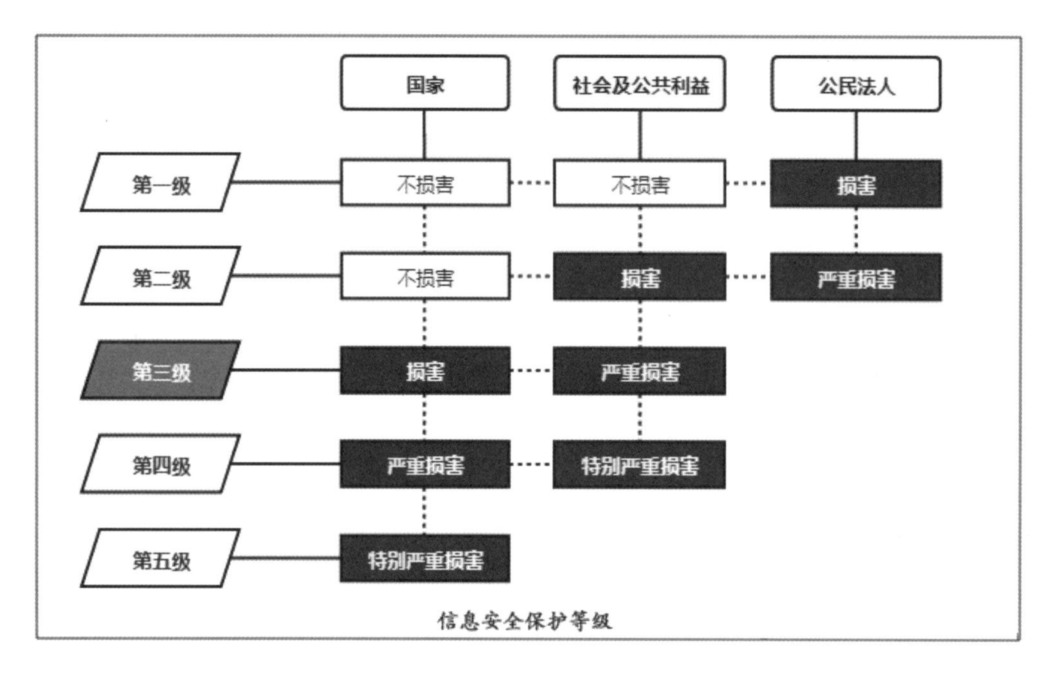

信息安全保护等级

4. **计算机信息系统安全等级保护**

GB 17859—1999 **标准**是核心，是施行计算机信息系统安全等级保护制度建设的重要基础。（力杨记忆：注意顺序记忆，从小到大依次为“用→系→安→结→访”）【2022 上】

分 类	适 用 范 围
用户自主保护级	普通互联网用户
系统审计保护级	内联网以及国际网商务活动，需要保密的非重要单位
安全标记保护级	用于地方各级国家机关、金融单位机构、邮电通信、能源与水源供给部门、交通运输、大型工商与信息技术企业、重点工程建设单位
结构化保护级	用于中央级国家机关、广播电视部门、重要物资储备单位、社会应急服务部门、尖端科技企业集团、国家重点科研单位机构和国防建设等部门
访问验证保护级	用于国防关键部门和依法需要对计算机信息系统实施特殊隔离的单位

17.2 学霸演练

1. 信息安全属性中需要时，（　　）是授权实体可以访问和使用的特性。

A. 保密性　　B. 完整性　　C. 可用性　　D. 可靠性

2. 信息系统安全属性保密性的技术不包括（　　）。

A. 最小授权原则　　B. 防暴露　　C. 信息加密　　D. 数字签名

3. 关于岗位安全考核和培训的说法错误的是（　　）。

A. 不得允许一人多岗，需做到专人专岗

B. 关键岗位人员应定期接受安全培训，加强安全意识和风险防范意识

C. 应坚持关键岗位“权限分散、不得交叉覆盖”的原则

D. 应保持二人同时在场，关键事务应多人共管

4. 系统运行安全与保密的层次构成中，（　　）对程序资源的访问进行安全控制。

A. 系统级安全　　B. 资源访问安全　　C. 功能性安全　　D. 数据域安全

5. 国家受严重损害、社会公共利益受特别严重损害，属于国家安全保护的（　　）。

A. 第二级　　B. 第三级　　C. 第四级　　D. 第五级

参考答案：

1. C。力杨解析：可用性是“随时可用”。

2. D。力杨解析：数字签名是“完整性”技术。

3. A。力杨解析：允许一人多岗，但业务应用操作人员不能由其他关键岗位人员兼任。

4. B。力杨解析：送分题，根据概念选择。

5. C。力杨解析：国家安全“严重损害”判定为第四级。

第 18 章　项目风险管理

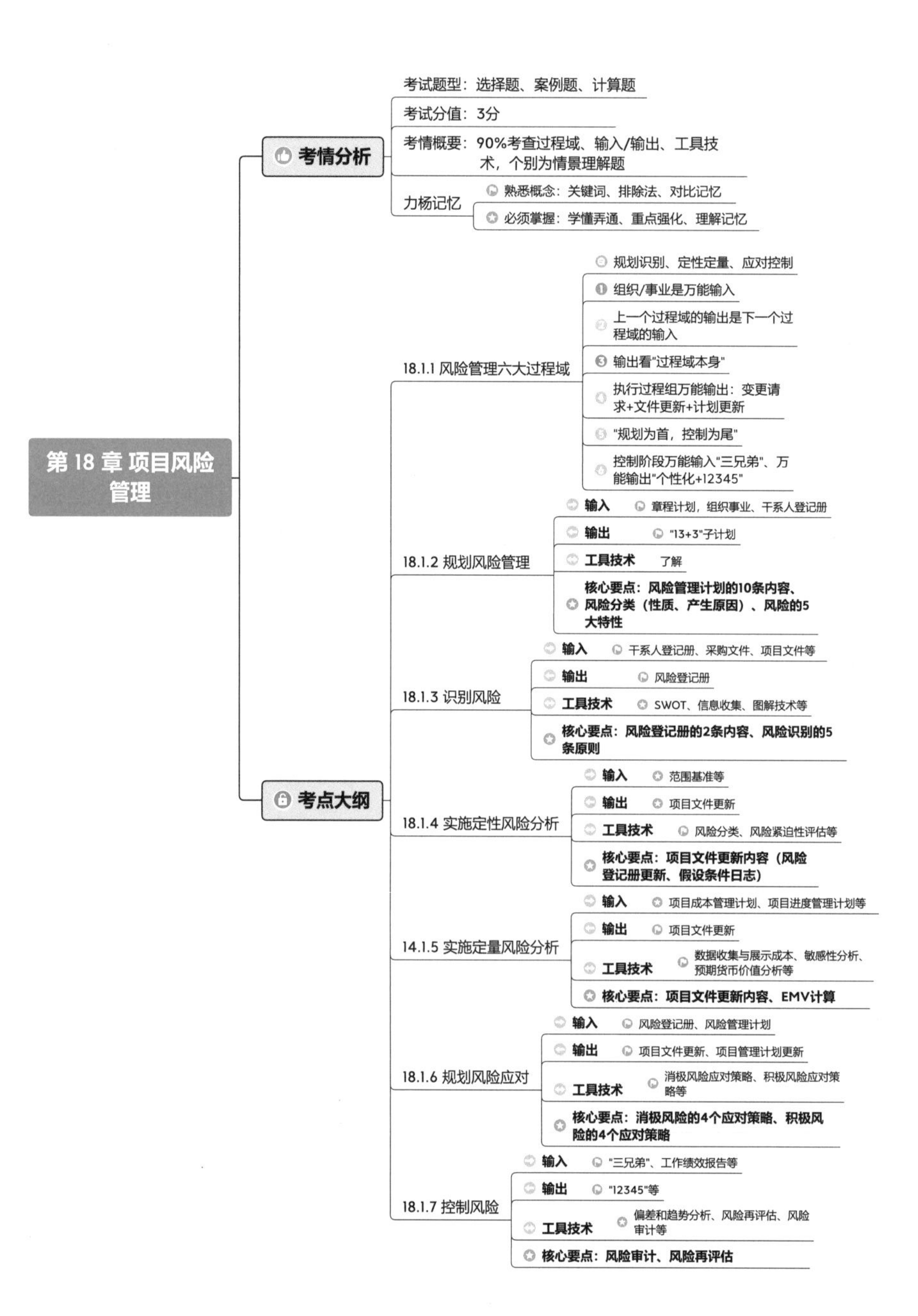

第 18 章 项目风险管理
考情分析
考试题型：选择题、案例题、计算题
考试分值：3分
考情概要：90%考查过程域、输入/输出、工具技术，个别为情景理解题
力杨记忆
熟悉概念：关键词、排除法、对比记忆
必须掌握：学懂弄通、重点强化、理解记忆
考点大纲
18.1.1 风险管理六大过程域
规划识别、定性定量、应对控制
组织/事业是万能输入
上一个过程域的输出是下一个过程域的输入
输出看"过程域本身"
执行过程组万能输出：变更请求+文件更新+计划更新
"规划为首，控制为尾"
控制阶段万能输入"三兄弟"、万能输出"个性化+12345"
18.1.2 规划风险管理
输入
章程计划，组织事业、干系人登记册
输出
"13+3"子计划
工具技术
了解
核心要点：风险管理计划的10条内容、风险分类（性质、产生原因）、风险的5大特性
18.1.3 识别风险
输入
干系人登记册、采购文件、项目文件等
输出
风险登记册
工具技术
SWOT、信息收集、图解技术等
核心要点：风险登记册的2条内容、风险识别的5条原则
18.1.4 实施定性风险分析
输入
范围基准等
输出
项目文件更新
工具技术
风险分类、风险紧迫性评估等
核心要点：项目文件更新内容（风险登记册更新、假设条件日志）
14.1.5 实施定量风险分析
输入
项目成本管理计划、项目进度管理计划等
输出
项目文件更新
工具技术
数据收集与展示成本、敏感性分析、预期货币价值分析等
核心要点：项目文件更新内容、EMV计算
18.1.6 规划风险应对
输入
风险登记册、风险管理计划
输出
项目文件更新、项目管理计划更新
工具技术
消极风险应对策略、积极风险应对策略等
核心要点：消极风险的4个应对策略、积极风险的4个应对策略
18.1.7 控制风险
输入
"三兄弟"、工作绩效报告等
输出
"12345"等
工具技术
偏差和趋势分析、风险再评估、风险审计等
核心要点：风险审计、风险再评估

18.1 学霸知识点

<table>
<tr><td rowspan="2">考情分析</td><td>选择题</td><td>案例题</td></tr>
<tr><td>3分</td><td>掌握</td></tr>
<tr><td>力杨引言</td><td colspan="2">引言：本章为项目风险管理，六大过程域。学习建议：掌握定性、定量风险分析工具与技术。</td></tr>
</table>

18.1.1 风险管理六大过程域

<table>
<tr><th>六大过程域</th><th>风险管理核心要点</th><th>过程组</th></tr>
<tr><td>规划风险管理</td><td>定义如何进行规划和实施项目风险管理活动</td><td>计划</td></tr>
<tr><td>识别风险</td><td>判断哪些风险会影响项目并记录其特征的过程</td><td>计划</td></tr>
<tr><td>实施定性风险分析</td><td>评估并综合分析风险发生的概率和影响，对风险进行优先排序，以便随后进一步分析或行动</td><td>计划</td></tr>
<tr><td>实施定量风险分析</td><td>就已识别风险对项目整体目标的影响进行定量分析</td><td>计划</td></tr>
<tr><td>规划风险应对</td><td>规划风险应对，针对项目目标制定提高机会、降低威胁的方案和行动</td><td>计划</td></tr>
<tr><td>控制风险</td><td>在整个项目生命周期中，实施风险应对计划、跟踪已识别风险、监督残余风险、识别新风险，以及评估风险过程有效性的过程</td><td>监控</td></tr>
<tr><td colspan="3">力杨记忆：【规划识别、定性定量、应对控制】，5+1组合，涵盖计划＋监控两大过程组</td></tr>
</table>

18.1.2 规划风险管理

1. 输入 / 输出

（1）**输入：**干系人登记册、项目章程、项目管理计划、组织过程资产、事业环境因素。

（2）**输出：**风险管理计划。

（3）**工具和技术：**会议、分析技术、专家判断等。

（力杨记忆：掌握“章程计划—组织事业”是规划阶段的万能输入，输入重点记“干系人登记册”，输出是“13+3子计划”）

2. 规划风险管理的内容及作用

（1）规划风险管理是指定义如何进行规划和实施项目风险管理活动。

（2）风险管理规划过程应在项目规划过程的早期完成。

（3）**风险类别：**为确保系统、持续、详细和一致地进行风险识别的综合过程，并为保证风险识别的效力和质量的风险管理工作提供了一个框架。

3. 风险管理计划

方法论、角色和职责、预算、时间安排、**风险类别**、**风险概率和影响的概率**、概率和影响矩阵、**修改的项目干系人承受度**、报告格式、跟踪等。【2020 上】

18.1.3 识别风险

1. 输入 / 输出

（1）**输入：**项目文件、采购文件、范围基准、风险管理计划、成本管理计划、进度管理计划、质量管理计划、人力资源管理计划、干系人登记册、活动成本估算和活动持续时间估算、组织过程资产、事业环境因素。【2022 上】

（2）**输出：风险登记册。**

（3）**工具和技术：**文档审查、信息收集技术、**核对表分析**、假设分析、图解分析、SWOT **分析**、专家判断等。【2021 下】

（力杨记忆：上一个过程域的输出是下一个过程域的输入，子计划“风险管理计划”作为后续过程域的主要输入，输出“两册之一的风险登记册”）

2. 识别风险的内容及作用

（1）识别风险是指确定哪些风险会影响项目，并将其特性记载成文。

（2）**应鼓励所有项目人员参与风险的识别。**

（3）识别风险是一个反复的过程。随着项目生命周期的继续，新风险可能会出现。反复的频率以及谁参与每一个迭加过程都会因项目而异。【2020 上】

18.1.4 实施定性风险分析

1. 输入 / 输出

（1）**输入：范围基准**、风险登记册、风险管理计划、组织过程资产、事业环境因素。

（2）**输出：项目文件更新（风险登记册更新、假设条件日志）。**

（3）**工具和技术：**风险概率与影响评估、概率和影响矩阵、风险数据质量评估、风险分类、风险紧迫性评估、专家判断等。

（力杨记忆：“组织事业”是万能输入，“计划—册”是后续过程域的主要输入，上一个过程域的输出是下一个过程域的输入，子计划“风险管理计划”作为后续过程域的主要输入，输入重点记“范围基准”，输出“风险登记册更新”，必须与定量分析的输入/输出、工具和技术进行区分）

2. 实施定性风险分析的内容及作用

（1）实施定性风险分析是指通过考虑风险发生的概率，风险发生后对项目目标的影响和其他因素（如时间框架和项目四大制约条件，即**成本**、**进度**、**范围和质量**的风险承受度水平），对已识别风险的优先级进行评估。

（2）定性风险分析包括为了采取进一步行动，**对已识别风险进行优先排序的方法**。

（3）定性风险分析通常是为风险应对规划过程确立优先级的一种经济、有效和快捷的方法，并为定量风险分析（如果需要该过程）奠定基础。在项目生命周期内应该对定性风险分析进行重新审查，以确保其反映项目风险的实时变化。

（4）风险登记册更新：每个风险的概率和影响评估、风险评级和分值、风险紧迫性或风险分类、低概率风险的观察清单、需要进一步分析的风险。

18.1.5 实施定量风险分析

1. 输入/输出

（1）**输入：项目成本管理计划**、**项目进度管理计划**、风险登记册、风险管理计划、组织过程资产、事业环境因素。

（2）**输出：项目文件更新（风险登记册更新）**。

（3）**工具和技术：**数据收集和表示技术、定量风险分析和模型技术（敏感性分析、预期货币价值分析）、专家判断等。【2021上】

（力杨记忆：“组织事业”是万能输入，“计划—册”是后续过程域的主要输入，上一个过程域的输出是下一个过程域的输入，子计划“风险管理计划”作为后续过程域的主要输入，输入重点记“成本管理计划＋进度管理计划”，输出“风险登记册更新”，必须与定性分析的输入/输出、工具和技术进行区分）

【课堂演练】

某项目承包者设计该项目有0.5的概率获利2000元。0.3的概率亏损500元，还有0.2的概率维持平衡。该项目的期望值货币的价值为（　　）元。

某项目有40%的概率获利10万元，30%的概率会亏损8万元，30%的概率既不获利也不亏损。该项目的预期货币价值分析（EMV）是（　　）。

参考答案：850、1.6

2. 实施定量风险分析的内容及作用

（1）实施定量风险分析是就已识别风险对项目整体目标的影响进行定量分析。

（2）定量风险分析一般在定性风险分析之后进行，但是经验丰富的风险经理有时在**风险分析过程之后直接进行定量分析**。

（3）在没有足够的数据建立模型的时候，定量风险分析可能无法实施。项目经理应该运用专家判断来确定定量风险分析的必要性和有效性。应反复开展定量风险分析过程。

（4）风险登记册更新：项目的概率分析、实现成本和时间目标的概率、量化风险优先级清单、定量风险分析结果的趋势。【2021上】

18.1.6　规划风险应对

1. 输入/输出

（1）**输入：**风险登记册、风险管理计划。

（2）**输出：**项目文件更新、项目管理计划更新。

（3）**工具和技术：**消极风险或威胁的应对策略、积极风险或机会的应对策略、应急应对策略、专家判断等。

（力杨记忆："计划—册"是后续过程域的主要输入，重点掌握工具和技术）

2. 规划风险应对的内容及作用

（1）规划风险应对是指为项目目标增加实现机会，减少失败威胁而制定方案，决定应采取对策的过程，也叫制定风险应对措施、制订风险应对计划。

（2）规划风险应对过程在定性风险分析和定量风险分析之后进行，包括确认与指派相关个人或多人（简称"风险应对负责人"），对已得到认可并有资金支持的风险应对措施担负起职责。

（3）规划风险应对过程根据风险的优先级水平处理风险，需要时，在预算、进度计划和项目管理计划中加入资源和活动。

（4）风险应对措施必须适合风险的重要性水平，能经济有效地迎接挑战，必须在项目背景下及时和现实可行，而且，风险应对措施应由所有相关方商定并由一名负责人负责。

（5）当风险出现时，不同的人持有不同的态度：**厌恶型**、**促进型**、**中间型**。

（6）通常规避和减轻适用于高影响的严重风险；转移和接受适用于低影响的不太严重的风险。【2021 下】

18.1.7 控制风险

1. 输入 / 输出

（1）**输入**：风险登记册、**工作绩效报告**、项目管理计划、工作绩效数据。

（2）**输出**：变更请求、工作绩效信息、项目文件更新、项目管理计划更新、组织过程资产更新。

（3）**工具和技术**：会议、风险审计、风险再评估、偏差和趋势分析、技术绩效测量、储备分析等。【2022 上】

（力杨记忆："项目管理计划＋工作绩效数据＋组织过程资产"是控制阶段的万能输入，"12345"五大控制阶段是万能输出，输入重点记"工作绩效报告"）

2. 控制风险的内容及作用

（1）控制风险是在整个项目生命周期中，实施风险应对计划、跟踪已识别风险、监督残余风险、识别新风险，以及评估风险过程有效性的过程。

（2）控制风险过程所使用的技术包括偏差和趋势分析，要求使用项目实施过程中生成的绩效数据。控制风险以及其他风险管理过程是项目生命周期内不间断实施的过程。

18.1.8 风险管理总结及要点知识

1. 工具与技术

工具与技术	过程域	概　　念
核对表分析	风险→识别风险	风险识别所用的核对表可根据历史资料、以往类似项目所积累的知识，以及其他信息来源着手制定。风险分解结构的最底层可用作风险核对表
图解技术	风险→识别风险	**因果图**：又称作石川图或鱼骨图，用于识别风险的成因 **系统或过程流程图**：显示系统各要素之间如何相互联系，以及因果传导机制

续表

工具与技术	过程域	概　念
		影响图：显示因果影响，按时间顺序排列的事件，以及变量与结果之间的其他关系的图解表示法
SWOT 技术	风险→识别风险	从项目的每个优势（strength）、劣势（weakness）、机会（opportunity）和威胁（threat）出发，对项目进行考察，把产生于内部的风险都包括在内，从而更全面地考虑风险
风险审计	风险→控制风险	风险审计是检查并记录风险应对措施在处理已识别风险及其根源方面的有效性，以及风险管理过程的有效性。项目经理要确保按项目风险管理计划所规定的频率实施风险审计。既可以在日常的项目审查会中进行风险审计，也可以单独召开风险审计会议。在实施审计前，要明确定义审计的格式和目标

2. 消极风险或危险的应对策略 / 积极风险或机会的应对策略

消极风险或危险的应对策略【2020 上】	积极风险或机会的应对策略
规避：改变项目计划，以排除风险或条件，或者保护项目目标，使其不受影响，或对受到威胁的一些目标放松要求（**风险有效规避**）	开拓：如果组织想要确保机会得以实现，就可对具有积极影响的风险采取本策略
转移：设法将风险的后果连同应对的责任转移到第三方身上，是指将风险管理责任简单地推给另一方，并非消除风险	提高：本策略旨在提高机会的发生概率和积极影响
减轻：设法将不利的风险事件的概率或后果降低到一个可接受的临界值。在一个系统中加入**冗余部件**，可以减轻主部件故障所造成的影响（**风险依然存在**）	分享：将应对机会的部分或全部责任分配给最能为项目利益抓住该机会的第三方
接受：项目团队决定接受风险的存在，而不采取任何措施（除非风险真的发生）的风险应对策略	接受：当机会发生时乐于利用机会，但不主动追求机会

3. 项目风险

（1）项目风险是一种不确定的事件或条件，一旦发生，会对项目目标产生某种正面影响或负面影响。

（2）项目风险既包括对项目目标的威胁，也包括促进项目目标的机会。风险源于所有项目之中的不确定因素。

（3）项目在不同阶段会有不同的风险。风险大多数随着项目的进展而变化，不确定性会随之逐渐减少。最大的不确定性存在于项目的早期。

4. 项目风险的特征

（1）客观性：风险是一种不以人的意志为转移，独立于人的意志之外的客观存在。

（2）偶然性：由于信息不对称，未来风险事件发生与否难以预测。【2021 下】

（3）相对性：风险性质因时空各种因素的变化而有所变化。【2021 上】

（4）社会性：风险的后果与人类社会的相关性决定了风险的社会性，具有很大的社会影响力。

（5）不确定性：发生的时间的不确定性。

5. 风险性质划分

（1）**纯粹风险：**不能带来机会、无获得利益可能的风险，叫纯粹风险。纯粹风险只有两种可能的后果：造成损失和不造成损失，纯粹风险造成的损失是绝对的损失。全社会也跟着受损失。

（2）**投资风险：**既可能带来机会、获得利益，又隐含威胁、造成损失的风险，又叫投机风险。投机风险有三种可能的后果：造成损失、不造成损失和获得利益。投机风险使活动主体蒙受了损失，全社会不一定跟着受损失。

6. 按照生产原因划分

自然风险、社会风险、政治风险（国家风险）、经济风险、技术风险。

7. 风险识别的原则

（1）由粗及细，由细及粗。

（2）先怀疑，后排除。

（3）排除与确认并重。

（4）严格界定风险内涵并考虑风险因素之间的相关性。

（5）必要时可做实验验证。【2020 上】

【课堂演练】

决策树分析：机会（成功）的预期货币价值一般表示为正数，而风险（失败）的预期货币价值一般表示为负数。每个可能结果的数值与其发生概率相乘之后加总，即得出预期货币价值。

老李是某企业信息化高级工程师，现在负责实施企业的MES（生产执行系统）项目，有三种实施方案可供选择，他将三种方案的风险进行了列举，如下图所示。

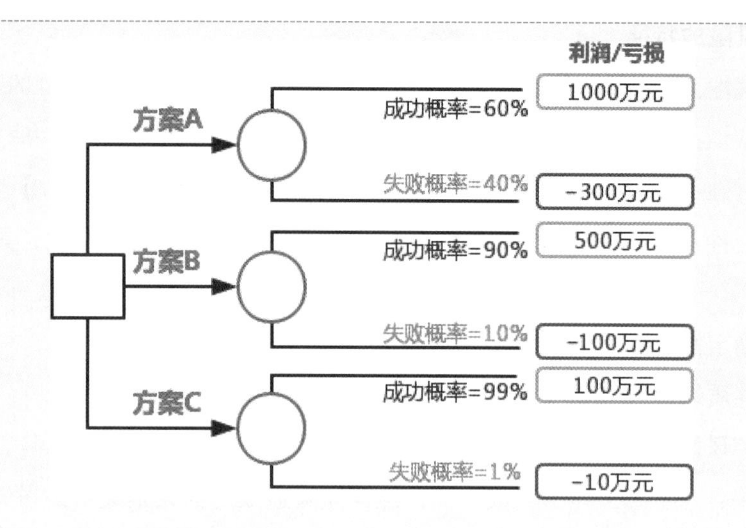

【问题1】

决策树分析用于风险管理的哪个过程？在项目风险管理中应用决策树分析的主要优点是什么？

参考答案：决策树分析是定量风险分析技术，用于风险管理的定量风险分析过程。在项目风险管理中应用决策树分析的主要优点是强制考虑每个结果的可能性。

【问题2】

请计算方案B的预期收益是多少？

参考答案：方案B的预期收益 =90%×500+10%×(-100)=440（万元）。

【问题3】

从预期收益的角度考虑，方案A、B、C中，你认为采用哪种方案最佳？请说明原因。

参考答案：方案A的预期收益 =60%×1000+40%×(-300)=480（万元）。

方案C的预期收益 =99%×100+1%×(-10)=98.9（万元）。

因此，方案A的预期收益最高，风险大，但收益更大，所以采用方案A较好。

18.2 学霸演练

1. **关于风险管理的说法错误的是**（　　）。

A. 风险管理规划过程应在项目规划过程的早期完成

B. 应鼓励所有项目人员参与风险的识别

C. 识别风险是一个反复的过程

D. SWOT 分析属于定性风险分析的工具和技术

2. **以下关于风险管理的说法错误的是**（　　）。

A. 定量风险分析一般在定性风险分析之后进行

B. 敏感性分析属于定量风险分析工具和技术

C. 风险应对措施应由所有相关方商定并由 1 ～ 2 名负责人负责

D. 控制风险以及其他风险管理过程是项目生命周期内不间断实施的过程

3.（　　）**是指把应对机会的部分或全部责任分配给最能为项目利益抓住该机会的第三方**。

A. 减轻　　B. 接受　　C. 分享　　D. 提高

4. **关于投资风险的说法错误的是**（　　）。

A. 可能带来机会、获得利益，又隐含威胁、造成损失的风险

B. 投机风险有三种可能的后果：造成损失、不造成损失和获得利益

C. 投机风险如果使活动主体蒙受了损失，则全社会也跟着受损失

D. 投资风险也叫投机风险

5. **关于定量风险分析的说法错误的是**（　　）。

A. 在没有足够的数据建立模型时，定量风险分析可能无法实施

B. 项目经理应该运用分析技术来确定定量风险分析的必要性和有效性

C. 应反复开展定量风险分析过程

D. 范围基准不是定量风险分析的工具技术

参考答案：

1. D。力杨解析：SWOT 分析是识别风险的工具和技术。

2. C。力杨解析：风险应对措施应由所有相关方商定并由 1 名负责人负责。

3. C。力杨解析：分享是指把应对机会的部分或全部责任分配给最能为项目利益抓住该机会的第三方。

4. C。力杨解析：全社会不一定受损失。

5. B。力杨解析：项目经理应该运用专家判断来确定定量风险分析的必要性和有效性。

第19章　收尾管理

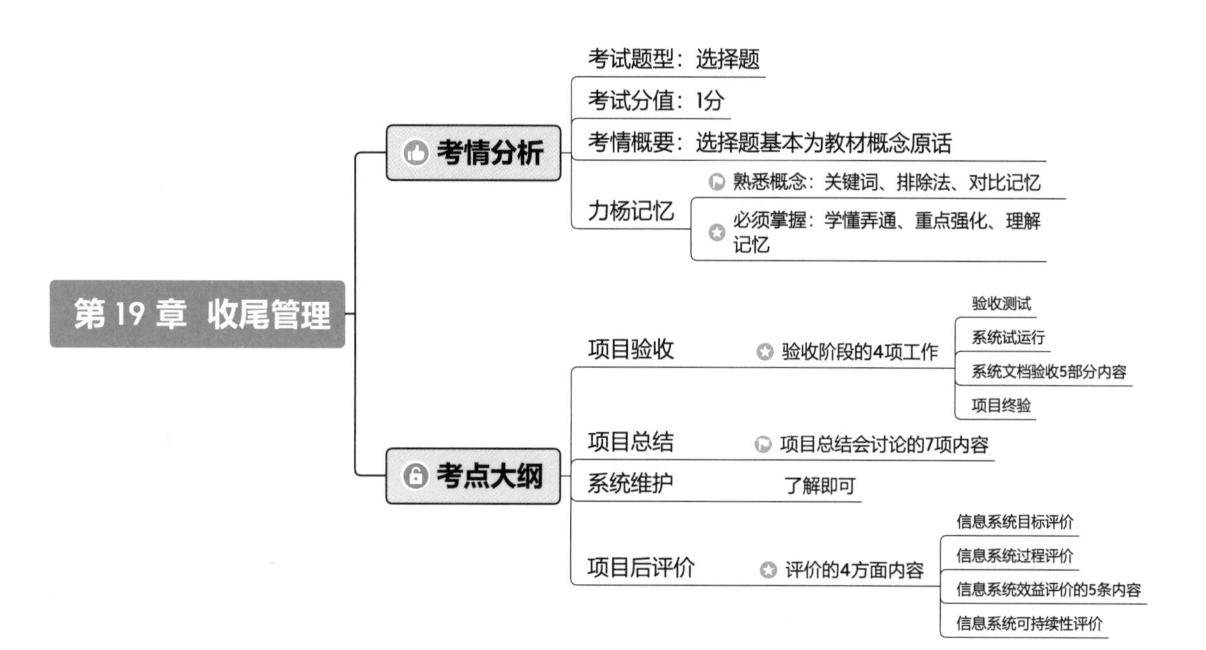

第19章 收尾管理
考情分析
考试题型：选择题
考试分值：1分
考情概要：选择题基本为教材概念原话
力杨记忆
熟悉概念：关键词、排除法、对比记忆
必须掌握：学懂弄通、重点强化、理解记忆
考点大纲
项目验收
验收阶段的4项工作
验收测试
系统试运行
系统文档验收5部分内容
项目终验
项目总结
项目总结会讨论的7项内容
系统维护
了解即可
项目后评价
评价的4方面内容
信息系统目标评价
信息系统过程评价
信息系统效益评价的5条内容
信息系统可持续性评价

19.1 学霸知识点

考情分析	选择题	案例题
	1分	—
力杨引言	引言：本章为项目收尾管理，了解即可。	

1. 项目验收

（1）项目验收是项目收尾管理中的首要环节，只有完成项目验收工作后，才能进入后续的项目总结、系统维护以及项目后评价等工作阶段。

（2）项目的正式验收包括验收项目产品、文档及已经完成的交付成果。

（3）项目验收工作需要完成**正式的验收报告**，验收报告包含了验收的主要内容以及相应的验收结论，参与验收的各方应该对验收结论进行签字确认，对验收结果承担相应的责任。

（4）对于系统集成项目，一般需要执行正式的验收测试工作。验收测试工作可以由**业主和承建单位**共同进行，也可以由第三方公司进行，但无论采用哪种方式，都需要以项目前期所签署的合同以及相关的支持附件作为依据进行验收测试，而不得随意变更验收测试的依据。对于那些发生了重大变更的系统集成项目，则应以变更后的合同及其附件作为验收测试的主要依据。

2. 系统集成项目的主要验收内容

（1）验收测试。

（2）系统试运行。

（3）系统文档验收：系统集成项目介绍、系统集成项目最终报告、信息系统说明手册、信息系统维护手册、软硬件产品说明书、质量保证书等。

（4）项目终验。

3. 项目总结

（1）项目总结属于项目收尾的管理收尾。而管理收尾有时又被称为行政收尾，就是检查项目团队成员及相关干系人是否按规定履行了所有职责。

（2）实施行政结尾过程还包括收集项目记录、分析项目成败、收集应吸取的教训，以及将项目信息存档供本组织将来使用等活动。

（3）项目总结会议需要全体参与项目的成员都参加，并由**全体成员讨论形成文件**。

（4）项目总结会议所形成的文件一定要通过所有人的确认，任何有违此项原则的文件都不能作为项目总结会议的结果。项目总结会议还应对项目进行自我评价，有利于后面的项目评估和审计工作的开展。

（5）一般的项目总结会议会讨论项目绩效、技术绩效、成本绩效、进度计划绩效、项目的沟通、识别问题和解决问题、意见和建议等内容。

4. 项目后评价内容

（1）信息系统目标评价。

（2）信息系统过程评价。

（3）信息系统效益评价（技术、经济效益、管理效益、社会效益、环境影响评价）。

（4）信息系统可持续性评价。

19.2 学霸演练

1.（　　）**不属于系统集成项目主要验收内容**。

A. 验收测试　　B. 系统试运行

C. 系统文档验收　　D. 项目初验

2.（　　）**不属于信息系统项目后评价内容**。

A. 目标评价　　B. 过程评价

C. 效益评价　　D. 影响评价

3. **关于项目收尾管理的说法不正确的是**（　　）。

A. 项目总结属于项目收尾的合同收尾

B. 验收测试工作可以由业主和承建单位共同进行，也可以由第三方公司进行

C. 对于系统集成项目，一般需要执行正式的验收测试工作

D. 项目的正式验收包括验收项目产品、文档及已经完成的交付成果

参考答案：

1. D。力杨解析：应为“项目终验”。

2. D。力杨解析：应为“可持续性评价”。

3. A。力杨解析：项目总结属于项目收尾的管理收尾。

第 20 章　知识产权管理

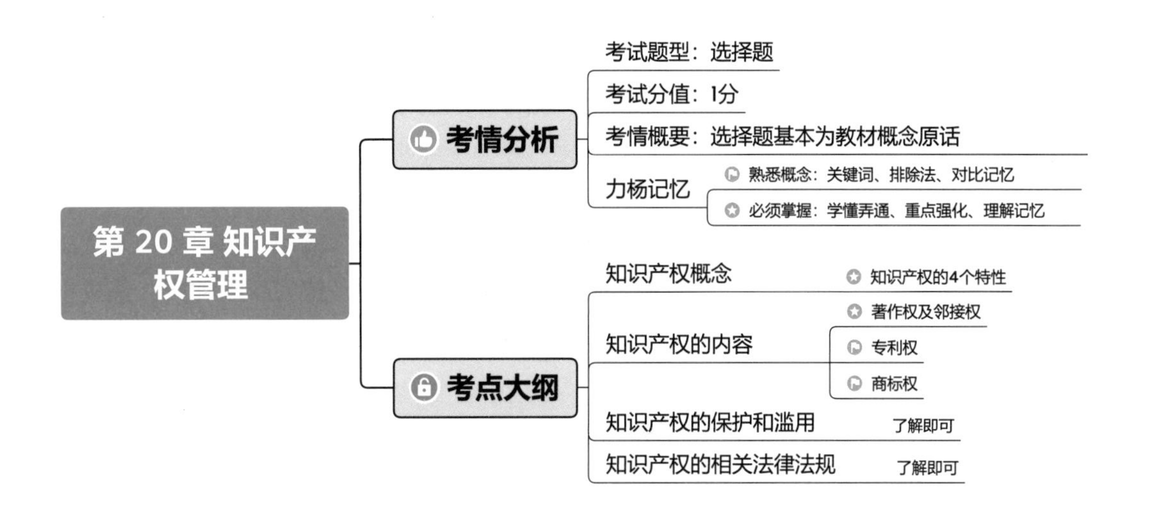

第 20 章 知识产权管理
考情分析
考试题型：选择题
考试分值：1分
考情概要：选择题基本为教材概念原话
力杨记忆
熟悉概念：关键词、排除法、对比记忆
必须掌握：学懂弄通、重点强化、理解记忆
考点大纲
知识产权概念
知识产权的4个特性
知识产权的内容
著作权及邻接权
专利权
商标权
知识产权的保护和滥用
了解即可
知识产权的相关法律法规
了解即可

20.1 学霸知识点

考情分析	选择题	案例题
	1分	—
力杨引言	引言：本章为知识产权管理，了解即可。	

1. 知识产权的概念

知识产权是指对智力劳动成果所享有的**占有**、**使用**、**处分**和**收益**的权益。

知识产权是智力成果的创造人依法所享有的权利和在生产经营活动中标记所有人依法所享有的权利的总称，包括**著作权**、**专利权**、**商标权**、**商业秘密权**、**植物新品种权**、**集成电路布图设计权**和**地理标志权**等。

（1）广义的知识产权包括著作权、邻接权、专利权、商标权及商业秘密权、防止不正当竞争权、植物新品种权、集成电路布图设计权和地理标志权等。

（2）狭义的知识产权就是传统意义上的知识产权，包括著作权（含邻接权）、专利权、商标权三个主要组成部分。

2. 知识产权的特性

无体性、专有性、地域性、时间性。

3. 著作权

著作权是指基于文学、艺术和科学作品依法产生的权利。文学、艺术和科学作品是著作权产生的前提和基础，由著作权法律关系得以发生的法律事实构成。没有作品就没有著作权，脱离具体作品的著作权是不存在的。

4. 邻接权

邻接权是与著作权相关的、类似的权利，通常是指作品传播者在作品的传播过程中依法享有的权利，如艺术表演者、录音录像制品制作者、广播电视节目制作者依法享有的权利等，著作权和邻接权的共同点是它们同属知识产权范畴，保护期为50年，即截止到作品首次发表后第50年的12月31日。

5. 著作权三要素

著作权主体、著作权客体、著作权内容。

6. **职务作品**

（1）职务作品是指为完成单位工作任务所创作的作品。如果该职务作品是利用单位的物质技术条件进行创作，并由单位承担责任的，或者有合同约定，其著作权属于单位的，作者将仅享有署名权，其他著作权归单位享有。

（2）其他职务作品，著作权仍由作者享有，单位有权在业务范围内优先使用。在两年内，未经单位同意，作者不能许可其他个人或单位使用该作品。

7. **著作权法**

发表权、署名权、修改权、保护作品完整权、使用权。

（1）**著作权属于公民**：署名权、修改权、保护作品完整权的保护期没有任何限制，永远受法律保护；**发表权、使用权和获得报酬权**的保护期为作者终生及其死亡后的50年（第50年的12月31日）。作者死亡后，著作权依照继承法进行转移。

（2）**著作权属于单位**：发表权、使用权和获得报酬权的保护期为50年（首次发表后的第50年的12月31日），若50年内未发表的，不予保护。但单位变更、终止后，著作权由承受其权利义务的单位享有。

（3）当第三方需要使用时，需得到著作权人的使用许可，双方应签订相应的合同。合同中应包括许可使用作品的方式，是否专有使用，许可的范围与时间期限，报酬标准与方法，以及违约责任等。若合同未明确许可的权力，则需再次经著作权人许可。合同的有效期限不超过10年，期满时可以续签。

（4）著作权法及实施条例的**客体**是指受保护的作品。

（5）著作权法及实施条例的**主体**是指著作权关系人，通常包括著作权人和受让者两种。

8. **著作权法保护的作品类型**

作品类型应符合以下三个要素，才能得到著作权法的保护：①须有文学、艺术或者科学的内容；②须有独创性；③须能以物质的形式固定下来。

9. **计算机软件保护条例**

（1）保护条例的客体是计算机软件，计算机软件是指计算机程序及其相关文档。

（2）根据保护条例的规定，**受保护的软件必须是**由开发者独立开发的，并且已经固定在某种有形物体上，如光盘、硬盘、U盘等。要注意的是，对软件著作权的保护只针对程序和文档，并不包括开发软件所用的思想、处理过程、操作方法或数学概念等。

10. **软件著作权**

发表权、署名权、修改权、复制权、发行权、出租权、信息网络传播权、翻译权、许可权、报酬权、转让权。

11. 商标的三个条件

（1）商标是用在商品或服务上的标记，不能与商品或服务分离，并依附于商品或服务。

（2）商标是区别于他人商品或服务的标志，应具有特别显著性的区别功能，从而便于消费者识别。

（3）商标的构成是一种艺术创造，可以由文字、图形、字母、数字、三维标志和颜色组合，以及上述要素的组合构成的可视性标志。

12. 商标的四个特征

显著性、独占性、价值、竞争性。

13. 商标注册申请

注册商标的有效期限为10年，自核准注册之日起计算，注册商标有效期满，需要继续使用的，应当在期满前6个月内申请续展注册；在此期间未能提出申请的，可以给予6个月的宽展期。宽展期满仍未提出申请的，注销其注册商标。每次续展注册的有效期为10年。

14. 商标权

使用权（**最重要的权力**）、禁止权、许可权、转让权、续展权。

15. 专利法

（1）**发明：**对产品、方法或者其改进所提出的新的技术方案。

（2）**实用新型：**对产品的形状、构造及其组合提出的实用的新的技术方案，具有新颖性、创造性、实用性。

（3）**外观设计：**对产品的形状、图案及其组合，以及色彩与形状、图案的结合所做出的富有美感并适用于工业应用的新设计。

16. 专利权申请

（1）一份专利申请文件只能就一项发明创造提出专利申请。一项发明只授予一项专利，同样的发明申请专利，则按照申请时间的先后决定授予谁。两个以上的申请人在同一日分别就同样的发明创造申请专利的，应当在收到国务院专利行政部门的通知后自行协商确定申请人。

（2）我国现行专利法规定的发明专利权保护期限为20年，实用新型和外观设计专利权的期限为10年，均从申请日开始计算。在保护期内，专利权人应该按时缴纳年费。在专利权保护期限内，如果专利权人没有按规定缴纳年费，或者以书面声明放弃其专利权，专利权可以在期满前终止。

17. 保护和滥用

（1）著作权法以保护著作权人的权利为宗旨。

（2）专利权法以保护发明创造专利权为宗旨。

（3）商标权法保护客体为工商业活动创造的商品商标和服务商标，保护注册商标所有人对标记的独占性权利。

20.2 学霸演练

1.（　　）**不属于知识产权的特性**。

A. 完整性　　B. 专有性　　C. 地域性　　D. 时间性

2.（　　）**不属于著作权的三要素**。

A. 著作权主体　　B. 著作权人　　C. 著作权内容　　D. 著作权客体

3. **商标具有4个特征，**（　　）**不属于其特征**。

A. 显著性　　B. 独占性　　C. 美观性　　D. 竞争性

4. **注册商标的有效期限为**（　　）**年**。

A. 10　　B. 20　　C. 30　　D. 50

参考答案：

1. A。力杨解析：**知识产权的特性**包括无体性、专有性、地域性、时间性。
2. B。力杨解析：**著作权三要素**包括著作权主体、著作权客体、著作权内容。
3. C。力杨解析：**商标的4个特征**分别是显著性、独占性、价值、竞争性。
4. A。力杨解析：**商标的有效期限为10年**。

第 21 章　法律法规和标准规范

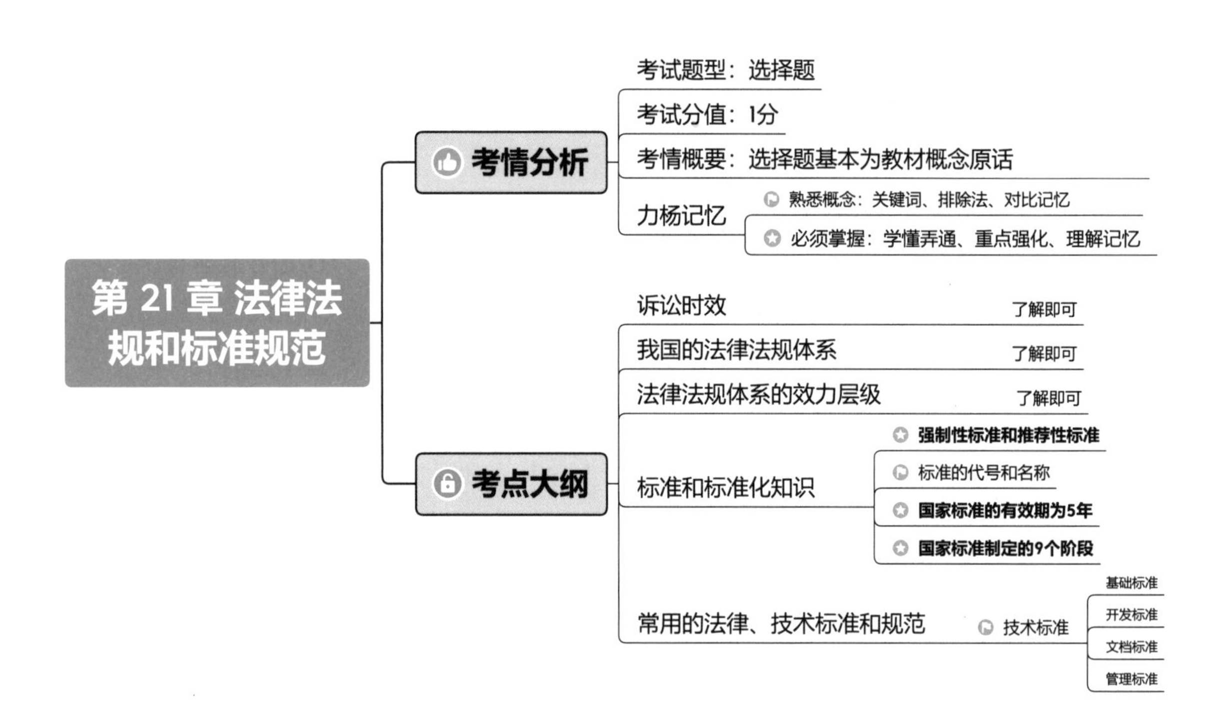

21.1　学霸知识点

考情分析	选择题	案例题
	1分	—
力杨引言	引言：本章为法律法规和标准规范，熟悉即可。	

1. 国际标准、国家标准、行业标准、区域/地方标准和企业标准

（1）对需要在全国范围内统一要求的技术要求，应当制定国家标准。

（2）对没有国家标准而又需要在全国某一行业范围内统一的技术要求，可以制定行业标准，在公布国家标准之后，该项行业标准即行废止。

（3）对没有国家标准和行业标准而又需要在省、自治区、直辖市范围内统一的工业产品的安全、卫生要求，可以制定地方标准，在公布国家标准或行业标准之后，该项地方标准即行废止。

（4）企业生产的产品没有国家标准和行业标准的，应当制定企业标准，作为组织生产的依据，已有国家标准或行业标准的，国家鼓励企业制定严于国家标准或行业标准的企业标准在企业内部使用。

（5）国家鼓励积极采用国际标准，按照国际惯例，当一国产品在另一国销售时，应当优先适用销售地的国家标准。

（6）我国在国家标准管理办法中规定国家标准实施5年内要进行复审，国家标准一般有效期为5年。【2020上】

2. 强制性标准与推荐性标准

（1）**标识**。

① GB：**强制性国家标准**。

② GB/T：**推荐性国家标准**。

③ GB/Z：**指南类标准**。

（2）**强制性标准的形式**：全文强制和条文强制。

3. 标准名称四要素

引导要素、主体要素、补充要素和4位数的年代。

4. 常用的技术标准

常用的技术标准	内　容
基础标准	《GB/T 11457—2006 信息技术 软件工程术语》 《GB/T 14085—1993 信息处理系统 计算机系统配置图符号及约定》 《GB/T 1526—1989 信息处理 数据流程图、程序流程图、系统流程图、程序网络图和系统资源图的文件编制符号及约定》
开发标准	《GB/T 8566—2007 信息技术 软件生存周期过程》 《GB/T 15853—1995 软件支持环境》 《GB/T 14079—1993 软件维护指南》
文档标准	《GB/T 16680—1996 软件文档管理指南》 《GB/T 8567—2006 计算机软件文档编制规范》 《GB/T 9385—2008 计算机软件需求规格说明规范》
管理标准	《GB/T 12505—1990 计算机软件配置管理计划规范》 《GB/T 12504—1990 计算机软件质量保证计划规范》 《GB/T 14394—2008 计算机软件可靠性与可维护性管理》 《GB/T 16260.1—2006 软件工程 产品质量》

5.《GB/T 16260.1—2006 软件工程产品质量》标准

（1）GB/T 16260.1—2006 软件工程 产品质量第一部分：质量模型。

（2）GB/T 16260.2—2006 软件工程 产品质量第二部分：外部度量。

（3）GB/T 16260.3—2006 软件工程 产品质量第三部分：内部度量。

（4）GB/T 16260.4—2006 软件工程 产品质量第四部分：使用质量的度量。

21.2 专　　题

【专题一】 双代号网络

解题方法一：双代号网络图标号法（重要）

（1）自左向右依次向各代号“标号”。

（2）若代号有多个紧前工作取“大值”，“大值”减“小值”即为自由时差。

（3）画波浪线（波浪线画在小的线路），即“取大减小画小波浪线”。

（4）自右向左依次回推不出现波浪线的线路为“关键路径”。

（5）“关键路径”上的工作为“关键工作”。

（6）“关键路径”上的自由时差、总时差均为0。

（7）总时差 =（本工作上的波浪线 + 后续线路波浪线）的**最小值**。

（8）总工期 = **关键路径上的各个工作持续时间之和**。

（9）虚箭线表示逻辑关系，不消耗资源和时间。

（10）紧前、紧后看“流入”“流出”，箭头很关键。

解题方法二：双代号网络图时间六参数（重要）

（1）**最早开始时间** ES：紧前工作完成，本工作有可能最早开始的时刻。

（2）**最早完成时间** EF：紧前工作完成，本工作有可能最早完成的时刻。

（3）**最迟开始时间** LS：不影响总工期，本工作必须开始的**最迟**时刻。

（4）**最迟完成时间** LF：不影响总工期，本工作必须完成的**最迟**时刻。

（5）**总时差** TF= 本工作最晚开始时间和最早开始时间之差，不影响总工期的前提下，本工作可以利用的机动时间。

（6）**自由时差** FF= 紧后工作的最早开始时间和本工作的最早完成时间之差，不影响紧后工作最早开始，本工作可以利用的机动时间。

【专题二】 **敏感词**

敏感词	敏感词	敏感词	敏感词
正式的	非正式的	一定	可能
详细的	概括的	必须	早期
汇总的	详细分列的	应当	唯一
自上（顶）而下	自下而上	可以	所有
前（紧前）	后（紧后）	反复的	贯穿始终的
不超过	不低于	全部	部分
提前量（负数）	滞后量（正数）	直接	间接
正向	反向	预算内	事先（随机）

【专题三】 十大管理专题

十大管理专题<<<47个过程域

十大管理	关键词记忆法	过程域（47个）	注意要点
整体管理	**章程**计划、执行监控、变更**结束**	6	◎掌握十大管理各自的过程域数量，**共47个** ◎**整体管理**是“**龙头凤尾**”；**风险、采购**是“**两大要素**”；**人力、干系人、沟通**是“**三人沟通**”；**范围、进度、成本、质量**四大管理是“**四大约束**” ◎记住两个“唯二”特殊：①**整体管理**制定项目章程、**干系人管理**识别干系人属于启动过程组；②**整体管理**结束项目或阶段、**采购管理**结束采购属于收尾过程组 ◎除特殊外；各大管理均以**规划为首**、**控制为尾** ◎中项部分规划阶段使用“**编制**”“**制订**”，表述略有不同，核心一样
范围管理	规划需求、定义创建、确认控制	6	
进度管理	规定活动排序、估算资源时间、制订计划控制	7	
成本管理	规划估算、预算控制	4	
质量管理	规划实施、保证控制	3	
人力资源管理	规划组建、建设管理	4	
沟通管理	规划沟通、管理控制	3	
干系人管理	识别规划、管理控制	4	
采购管理	规划实施、控制**结束**	4	
风险管理	规划识别、定性定量、应对控制	6	

十大管理专题<<<记忆要诀

记忆要诀：47个过程域必须记，输入/输出重点记、理解记，切勿死记硬背

要点一：主要掌握“输入”“输出”内容先看它的过程域“本身”，也就是说，“**过程域是什么，输出就是什么**”

要点二：上一个过程域的“输出”是下一个过程域的“输入”

要点三：规划阶段的万能输出是“**各子计划**”，也就是项目管理计划的子计划；**规划阶段的万能输入是**“章程计划”+“组织事业”

要点四：各大管理的子计划（**规划阶段的输出子计划**）会作为后续过程域（监控除外）的主要输入

要点五：执行过程组管理阶段**的万能输出**是“**变更请求**”+“**三大更新**”

要点六：监控过程组控制阶段**的万能输出**是“**变更请求**”+“**工作绩效信息**”+“**三大更新**”，即个性化输出“12345五大万能输出”，**万能输入**是“**项目管理计划**”+“**工作绩效数据**”+“**组织事业**”

要点七：“三大更新”是万能输出，具体是指“**项目文件更新**”+“**项目管理计划更新**”+“**组织过程资产更新**”

要点八：“两册”是指风险登记册、干系人登记册

要点九：“三大基准”“两大预测”“两个日历”“三个说明书”“两个日志”等容易混淆的重点记

十大管理专题<<<五大过程组和47个过程域

十大管理	启动过程组	计划过程组	执行过程组	监控过程组	收尾过程组	关键词联想
整体管理	① 制定项目章程	② 制订项目管理计划	③ 指导和管理项目工作	④ 监控项目工作 ⑤ 实施项目整体变更控制	⑥ 结束项目或阶段	章程计划、管理监控、变更结束
范围管理		① 编制范围管理计划 ② 收集需求 ③ 定义范围 ④ 创建工作分解结构（WBS）		⑤ 确认范围 ⑥ 控制范围		编制需求、定义创建、确认控制
进度管理		① 规划进度管理 ② 定义活动 ③ 排列活动顺序 ④ 估算活动资源 ⑤ 估算活动持续时间 ⑥ 制订进度计划		⑦ 控制进度		规定活动排序、估算资源时间、制订计划控制
成本管理		① 制订成本管理计划 ② 成本估算 ③ 成本预算		④ 控制成本		制订估算、预算控制
质量管理		① 规划质量管理	② 实施质量保证	③ 控制质量		规划实施、保证控制
人力资源管理		① 编制项目人力资源计划	② 组建项目团队 ③ 建设项目团队 ④ 管理项目团队			编制组建、建设管理
沟通管理		① 制订沟通管理计划	② 管理沟通	③ 控制沟通		制订管理、沟通控制
干系人管理	① 识别干系人	② 编制项目干系人管理计划	③ 管理干系人参与	④ 控制干系人参与		识别编制、管理控制
采购管理		① 编制采购管理计划	② 实施采购	③ 控制采购	④ 结束采购	编制实施、控制结束
风险管理		① 规划风险管理 ② 识别风险 ③ 实施定性风险分析 ④ 实施定量风险分析 ⑤ 规划风险应对		⑥ 控制风险		规划识别、定性定量、应对控制

十大管理专题<<<整体管理六大过程域

十大管理	过程域	输入	输出	工具和技术	记忆要诀
整体管理	制定项目章程	● 协议 ● 商业论证 ● 项目工作说明书 ● 事业环境因素 ● 组织过程资产	项目章程	● 专家判断 ● 引导技术（头脑风暴、冲突处理、问题解决、会议管理）	重点记：协议、商业论证、项目工作说明书
	制订项目管理计划	● 项目章程 ● 其他规划过程的输出 ● 事业环境因素 ● 组织过程资产	项目管理计划	● 专家判断 ● 引导技术（头脑风暴、冲突处理、问题解决、会议管理）	重点记："13+3"是输入，总计划和子计划互为输入
	指导和管理项目工作	● 批准的变更请求 ● 项目管理计划 ● 事业环境因素 ● 组织过程资产	● 变更请求 ● 可交付成果 ● 工作绩效数据	● 专家判断 ● 会议（交换信息、头脑风暴、方案评估、制定决策等） ● 项目管理信息系统（PMIS）	重点记：批准变更请求是实施整体变更控制的输出，是执行过程组的输入
	监控项目工作	● 进度预测 ● 成本预测 ● 确认的变更 ● 工作绩效信息 ● 项目管理计划 ● 事业环境因素 ● 组织过程资产	● 变更请求 ● 工作绩效报告 ● 项目文件更新 ● 项目管理计划更新	● 会议 ● 专家判断 ● 项目管理信息系统 ● 分析技术（回归分析、挣值管理、趋势分析等）	重点记：两大预测、确认变更是进度、成本、质量控制阶段的输出，工作绩效信息所有控制阶段万能输出；工作绩效报告是监控的输出变更的输入
	实施整体变更控制	● 变更请求 ● 工作绩效报告 ● 项目管理计划 ● 事业环境因素 ● 组织过程资产	● 变更日志 ● 批准的变更请求 ● 项目文件更新 ● 项目管理计划更新	● 专家判断 ● 会议变更控制工具	重点记：变更日志、批准的变更请求
	结束项目或阶段	● 验收的可交付成果 ● 项目管理计划 ● 组织过程资产	● 最终产品、服务或成果移交 ● 组织过程资产更新	● 专家判断 ● 会议 ● 分析技术（回归分析、趋势分析）	重点记：验收的可交付成果是确认范围的输出

十大管理专题<<<范围管理**六大**过程域

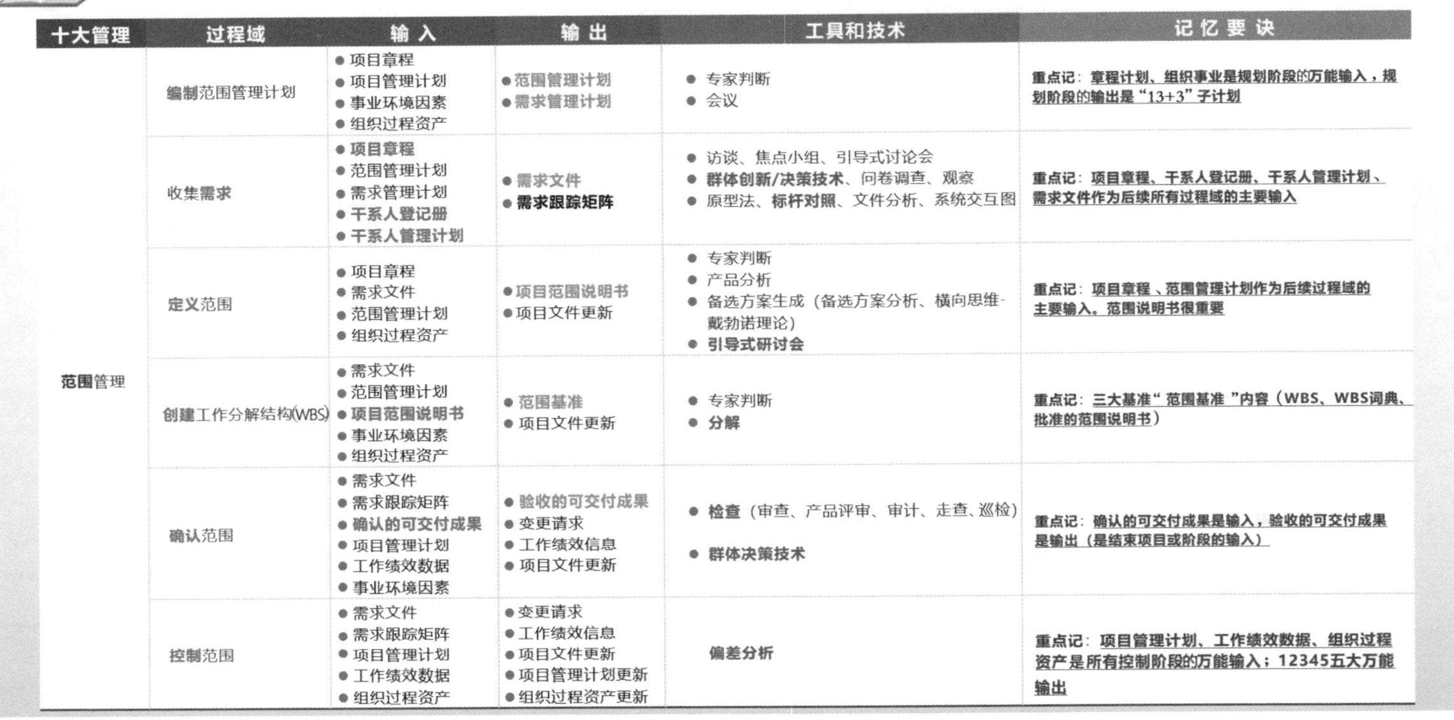

十大管理	过程域	输入	输出	工具和技术	记忆要诀
范围管理	编制范围管理计划	● 项目章程 ● 项目管理计划 ● 事业环境因素 ● 组织过程资产	● 范围管理计划 ● 需求管理计划	● 专家判断 ● 会议	**重点记：章程计划、组织事业是规划阶段的万能输入，规划阶段的输出是“13+3”子计划**
	收集需求	● **项目章程** ● 范围管理计划 ● 需求管理计划 ● **干系人登记册** ● **干系人管理计划**	● 需求文件 ● **需求跟踪矩阵**	● 访谈、焦点小组、引导式讨论会 ● **群体创新/决策技术**、问卷调查、观察 ● 原型法、**标杆对照**、文件分析、系统交互图	**重点记：项目章程、干系人登记册、干系人管理计划、需求文件作为后续所有过程域的主要输入**
	定义范围	● 项目章程 ● 需求文件 ● 范围管理计划 ● 组织过程资产	● **项目范围说明书** ● 项目文件更新	● 专家判断 ● 产品分析 ● 备选方案生成（备选方案分析、横向思维-戴勃诺理论） ● **引导式研讨会**	**重点记：项目章程 、范围管理计划作为后续过程域的主要输入。范围说明书很重要**
	创建工作分解结构(WBS)	● 需求文件 ● 范围管理计划 ● **项目范围说明书** ● 事业环境因素 ● 组织过程资产	● 范围基准 ● 项目文件更新	● 专家判断 ● **分解**	**重点记：三大基准“ 范围基准 ”内容（WBS、WBS词典、批准的范围说明书）**
	确认范围	● 需求文件 ● 需求跟踪矩阵 ● **确认的可交付成果** ● 项目管理计划 ● 工作绩效数据 ● 事业环境因素	● 验收的可交付成果 ● 变更请求 ● 工作绩效信息 ● 项目文件更新	● **检查**（审查、产品评审、审计、走查、巡检） ● **群体决策技术**	**重点记：确认的可交付成果是输入，验收的可交付成果是输出（是结束项目或阶段的输入）**
	控制范围	● 需求文件 ● 需求跟踪矩阵 ● 项目管理计划 ● 工作绩效数据 ● 组织过程资产	● 变更请求 ● 工作绩效信息 ● 项目文件更新 ● 项目管理计划更新 ● 组织过程资产更新	**偏差分析**	**重点记：项目管理计划、工作绩效数据、组织过程资产是所有控制阶段的万能输入；12345五大万能输出**

十大管理专题<<<进度管理**七大**过程域

十大管理	过程域	输入	输出	工具和技术	记忆要诀
进度管理	规划进度管理	● 项目章程 ● 项目管理计划 ● 事业环境因素 ● 组织过程资产	进度管理计划	● 会议 ● 专家判断 ● 分析技术	**重点记**：**章程计划、组织事业是规划阶段的万能输入，规划阶段输出是“13+3”子计划**
	定义活动	● **范围基准** ● 进度管理计划 ● 事业环境因素 ● 组织过程资产	● **活动清单** ● **活动属性** ● **里程碑清单**	● **分解** ● 专家判断 ● **滚动式规划** ● 头脑风暴法	**重点记**：**范围基准**
	排列活动顺序	● 活动清单 ● 活动属性 ● 里程碑清单 ● 进度管理计划 ● **项目范围说明书** ● 事业环境因素	● **项目进度网络图** ● 项目文件更新（活动清单、活动属性、里程碑清单、风险登记册）	● **前导图法** ● **箭线图法** ● **确定依赖关系** ● **提前量与滞后量**	**重点记**：**项目范围说明书、进度管理计划作为后续过程域的主要输入**
	估算活动资源	● 活动清单 ● 活动属性 ● **资源日历** ● **风险登记册** ● **活动成本估算** ● 进度管理计划 ● 事业环境因素 ● 组织过程资产	● **活动资源需求** ● **资源分解结构（RBS）** ● 项目文件更新（活动清单、活动属性、资源日历）	● 专家判断 ● 备选方案分析 ● **自下而上估算** ● 项目管理软件 ● 发布的估算数据	**重点记**：**资源日历（实施采购的输出）、风险登记册、活动成本估算、活动资源需求（规划人力资源的主要输入）**

十大管理专题<<<进度管理**七大**过程域

十大管理	过程域	输入	输出	工具和技术	力杨记忆
进度管理	估算活动持续时间	● 活动清单 ● 活动属性 ● 资源日历 ● 风险登记册 ● 活动资源需求 ● 资源分解结构 ● 项目范围说明书 ● 进度管理计划 ● 事业环境因素 ● 组织过程资产	● **活动持续时间估算** ● 项目文件更新	● 专家判断 ● **类比估算** ● **参数估算** ● **三点估算** ● **储备分析** ● 群体决策技术	**重点记**：**类比估算、参数估算、三点估算、储备分析；工具和技术是重点**
	制订进度计划	● 活动清单 ● 活动属性 ● 资源日历 ● 风险登记册 ● 活动资源需求 ● 资源分解结构 ● 项目人员分派 ● 项目范围说明书 ● 项目进度网络图 ● 活动持续时间估算 ● 进度管理计划 ● 事业环境因素 ● 组织过程资产	● **进度基准** ● **进度数据** ● **项目日历** ● **项目进度计划** ● 项目文件更新 ● 项目管理计划更新	● **关键链法** ● **进度压缩** ● **关键路径法** ● **进度网络图** ● **资源优化技术** ● **计划评审技术** ● **提前量与滞后量**	**重点记**：**进度基准、进度数据、项目日历、项目进度计划**（注意与**进度管理计划**进行区分）；**工具和技术是重点**
	控制进度	● **项目日历** ● **进度数据** ● **项目进度计划** ● 项目管理计划 ● 工作绩效数据 ● 组织过程资产	● **进度预测** ● 变更请求 ● 工作绩效信息 ● 项目文件更新 ● 项目管理计划更新 ● 组织过程资产更新	● 绩效审查 ● 建模技术 ● **进度压缩** ● 项目管理软件 ● **资源优化技术** ● **提前量与滞后量** ● 进度计划编制工具	**重点记**：**项目日历+进度数据+项目进度计划+三大万能输入，个性化输出+12345五大万能输出；进度预测是监控项目工作的主要输入**

十大管理专题<<<成本管理**四大**过程域

十大管理	过程域	输入	输出	工具和技术	记忆要诀
成本管理	**制订**成本管理计划	● 项目章程 ● 项目管理计划 ● 事业环境因素 ● 组织过程资产	成本管理计划	● 会议 ● 专家判断 ● 分析技术	**重点记：章程计划、组织事业是规划阶段的万能输入，规划阶段的输出是“13+3”子计划**
	成本**估算**	● **范围基准** ● **风险登记册** ● **项目进度计划** ● **人力资源管理计划** ● 成本管理计划 ● 事业环境因素 ● 组织过程资产	● **估算依据** ● **活动成本估算** ● 项目文件更新	● 专家判断 ● **类比估算** ● **参数估算** ● **储备分析** ● **质量成本** ● **自下而上估算** ● 项目管理软件 ● 卖方投标分析 ● 群体决策技术	**重点记：范围基准、风险登记册、项目进度计划、人力资源管理计划**
	成本**预算**	● **协议** ● **范围基准** ● 估算依据 ● **资源日历** ● **风险登记册** ● 活动成本估算 ● 项目进度计划 ● 成本管理计划 ● 组织过程资产	● **成本基准** ● **项目资金需求** ● 项目文件更新	● 专家判断 ● 成本汇总 ● 历史关系 ● **储备分析** ● **资源平衡限制**	**重点记：协议、范围基准、资源日历、风险登记册，三大基准“成本基准”**
	控制成本	● **项目资金需求** ● 项目管理计划 ● 工作绩效数据 ● 组织过程资产	● **成本预测** ● 变更请求 ● 工作绩效信息 ● 项目文件更新 ● 项目管理计划更新 ● 组织过程资产更新	● **预测** ● **挣值管理** ● **储备分析** ● **绩效审查** ● 项目管理软件 ● 完工尚需绩效指数	**重点记：项目资金需求+三大万能输入，个性化输出+12345五大万能输出；成本预测是监控项目工作的主要输入**

十大管理专题<<<质量管理三大过程域

十大管理	过程域	输入	输出	工具和技术	力杨记忆
质量管理	规划质量管理	• 需求文件 • 风险登记册 • 干系人登记册 • 项目管理计划 • 事业环境因素 • 组织过程资产	• 质量核对单 • 质量管理计划 • 过程改进计划 • 质量测量指标 • 项目文件更新	• 会议 • 标杆对照 • 实验设计 • 质量成本 • 力场分析 • 名义小组 • 专家判断 • 统计抽样 • 成本效益分析 • 七种基本质量工具	**重点记**：<u>两册文件是输入，输出两个子计划+质量核对单+质量测量指标，计划、组织事业是规划阶段的万能输入，规划阶段的输出是“13+3”子计划</u>
	实施质量保证	• 项目文件 • 质量控制测量结果 • 质量测量指标 • 质量管理计划 • 过程改进计划 • 事业环境因素 • 组织过程资产	• 变更请求 • 项目文件更新 • 项目管理计划更新 • 组织过程资产更新	• 质量审计 • 过程分析 • 质量管理与控制工具（新七 • 工具）	**重点记**：<u>项目文件、质量控制测量结果（控制阶段的输出）</u>
	控制质量	• 项目文件 • 质量核对单 • 可交付成果 • 质量测量指标 • 批准的变更请求 • 项目管理计划 • 工作绩效数据 • 组织过程资产	• 确认的变更 • 质量控制测量结果 • 核实的可交付成果 • 变更请求 • 工作绩效信息 • 项目文件更新 • 项目管理计划更新 • 组织过程资产更新	• 检查 • 统计抽样 • 七种基本质量工具 • 审查已批准的变更请求	**重点记**：<u>项目文件、可交付成果、批准的变更请求是输入，确认的变更+质量控制测量结果+核实的可交付成果+12345五大万能输出，核实的可交付成果是确认范围的输入，确认的变更是监控项目工作的输入</u>

十大管理专题<<<人力资源管理**四大**过程域

十大管理	过程域	输 入	输 出	工具和技术	力 杨 记 忆
人力资源管理	编制项目人力资源计划	● 活动资源需求 ● 项目管理计划 ● 事业环境因素 ● 组织过程资产	人力资源管理计划（角色职责、项目组织结构图、人员配备管理计划）	● 会议 ● 人际交往 ● 组织理论 ● 专家判断 ● 组织图和职位描述	重点记：活动资源需求，计划、组织事业是规划阶段的万能输入，规划阶段的输出是“13+3”子计划
	组建项目团队	● 人力资源管理计划 ● 事业环境因素 ● 组织过程资产	● 资源日历 ● 项目人员分派表 ● 项目管理计划更新	● 谈判 ● 招募 ● 事先分派 ● 虚拟团队 ● 多标准决策分析	重点记：资源日历、项目人员分派表
	建设项目团队	● 资源日历 ● 项目人员分派表 ● 人力资源管理计划	● 团队绩效评估 ● 事业环境因素更新	● **培训** ● **基本规则** ● **集中办公** ● **认可与奖励** ● **人际关系技能** ● **团队建设活动** ● **人事测评工具**	重点记：团队绩效评估
	管理项目团队	● 问题日志 ● 工作绩效报告 ● **团队绩效评估** ● **项目人员分派表** ● 人力资源管理计划 ● 组织过程资产	● 变更请求 ● 项目文件更新 ● 项目管理计划更新 ● 事业环境因素更新 ● 组织过程资产更新	● 冲突管理 ● 观察和交谈 ● 项目绩效评估 ● 人际关系技能	重点记：问题日志、工作绩效报告，输出是12345五大万能输出

十大管理专题<<<沟通管理三大过程域

十大管理	过程域	输入	输出	工具和技术	力杨记忆
沟通管理	制订沟通管理计划	● **干系人登记册** ● 项目管理计划 ● 事业环境因素 ● 组织过程资产	● **沟通管理计划** ● 项目文件更新	● 会议 ● 沟通技术 ● 沟通模型 ● **沟通方法** ● **沟通需求分析**	**重点记**：**干系人登记册，计划、组织事业是规划阶段的万能输入，规划阶段的输出是“13+3”子计划**
	管理沟通	● **工作绩效报告** ● 沟通管理计划 ● 事业环境因素 ● 组织过程资产	● **项目沟通** ● 项目文件更新 ● 项目管理计划更新 ● 组织过程资产更新	● 沟通技术 ● 沟通模型 ● **沟通方法** ● 报告绩效 ● 信息管理系统	**重点记**：**工作绩效报告**
	控制沟通	● **问题日志** ● 项目沟通 ● 项目管理计划 ● 工作绩效数据 ● 组织过程资产	● 变更请求 ● 工作绩效信息 ● 项目文件更新 ● 项目管理计划更新 ● 组织过程资产更新	● 会议 ● 专家判断 ● 信息管理系统	**重点记**：**项目沟通+问题日志+三大万能输入，12345五大万能输出**

十大管理专题<<<干系人管理**四大**过程域

十大管理	过程域	输入	输出	工具和技术	力杨记忆
干系人管理	识别干系人	● **采购文件** ● 项目章程 ● 事业环境因素 ● 组织过程资产	干系人登记册	● 会议 ● 专家判断 ● 干系人分析	**重点记**：**采购文件，识别干系人是启动过程组**
	编制项目干系人管理计划	● **干系人登记册** ● 项目管理计划 ● 事业环境因素 ● 组织过程资产	● 干系人管理计划 ● 项目文件更新	● 会议 ● 分析技术 ● 专家分析	**重点记**：**计划、组织事业是规划阶段的万能输入，规划阶段的输出是"13+3"子计划**
	管理干系人	● **变更日志** ● **沟通管理计划** ● 干系人管理计划 ● 组织过程资产	● 问题日志 ● 变更请求 ● 项目文件更新 ● 项目管理计划更新 ● 组织过程资产更新	● 沟通方法 ● 管理技能 ● 人际关系技能	**重点记**：**变更日志、沟通管理计划，变更日志是输入、问题日志是输出**
	控制干系人参与	● **问题日志** ● **项目文件** ● 项目管理计划 ● 工作绩效数据	● 变更请求 ● 工作绩效信息 ● 项目文件更新 ● 项目管理计划更新 ● 组织过程资产更新	● 会议 ● 专家判断 ● 信息管理信息系统	**重点记**：**问题日志、项目文件、12345五大万能输出**

十大管理专题<<<采购管理**四大**过程域

十大管理	过程域	输入	输出	工具和技术	力杨记忆
采购管理	编制采购管理计划	• **需求文档** • **项目进度** • **风险登记册** • **活动资源要求** • **活动成本估算** • **干系人登记册** • 项目管理计划 • 事业环境因素 • 组织过程资产	• 变更申请 • 采购文件 • 采购管理计划 • 供方选择标准 • 自制/外购决策 • 采购工作说明书 • 可能的项目文件更新	• 会议 • 专家判断 • 市场调研 • **自制或外购分析**	**重点记**：**计划、组织事业是规划阶段的万能输入，变更申请、采购文件、采购管理计划、采购工作说明书、供方选择标准、自制/外购决策是主要输出**
	实施采购	• **采购文件** • **项目文件** • **卖方建议书** • 采购管理计划 • 采购工作说明书 • 组织过程资产	• **合同** • **资源日历** • 变更请求 • **选中的卖方** • 项目管理计划更新	• 广告 • 分析技术 • 独立估算 • 专家判断 • 刊登广告 • **采购谈判** • 投标人会议 • 建议书评价技术	**重点记**：**项目文件、卖方建议书是主要输入，合同、资源日历、选中的卖方是主要输出，采购文件作为后续过程域的主要输入**
	控制采购	• 合同 • 采购文件 • 项目管理计划 • **工作绩效报告** • 工作绩效数据 • **批准的变更请求**	• 变更请求 • 工作绩效信息 • 项目文件更新 • 项目管理计划更新 • 组织过程资产更新	• 报告绩效 • 支付系统 • 索赔管理 • 检查与审计 • 采购绩效评审 • 记录管理系统 • **合同变更控制系统**	**重点记**：**工作绩效报告、批准的变更请求，12345五大万能输出**
	结束采购	• 采购文件 • 项目管理计划	• 结束的采购 • 组织过程资产更新	• **采购审计** • **采购谈判** • 记录管理系统	**重点记**：**结束采购是收尾过程组**

十大管理专题<<<风险管理六大过程域

十大管理	过程域	输入	输出	工具和技术	力杨记忆
风险管理	规划风险管理	● 项目章程 ● **干系人登记册** ● 项目管理计划 ● 事业环境因素 ● 组织过程资产	风险管理计划 （方法论、角色和职责、预算、时间安排、风险类别、风险概率和影响的概率、概率和影响矩阵、修改的项目干系人承受度、报告格式、跟踪等）	● 会议 ● 专家判断	**重点记：干系人登记册，章程计划、组织事业是规划阶段的万能输入，规划阶段的输出是“13+3”子计划**
	识别风险	● 项目文件 ● 采购文件 ● 范围基准 ● 风险管理计划 ● 成本管理计划 ● 进度管理计划 ● 质量管理计划 ● 干系人登记册 ● 活动成本估算 ● 活动持续时间估算 ● 人力资源管理计划 ● 事业环境因素 ● 组织过程资产	风险登记册（**已识别风险、潜在应对措施清单、风险根本原因、风险类别更新**）	● 文档审查 ● 假设分析 ● 图解分析 ● 专家判断 ● **SWOT分析** ● 核对表分析 ● 信息收集技术	**重点记：风险登记册**

十大管理专题<<<风险管理六大过程域

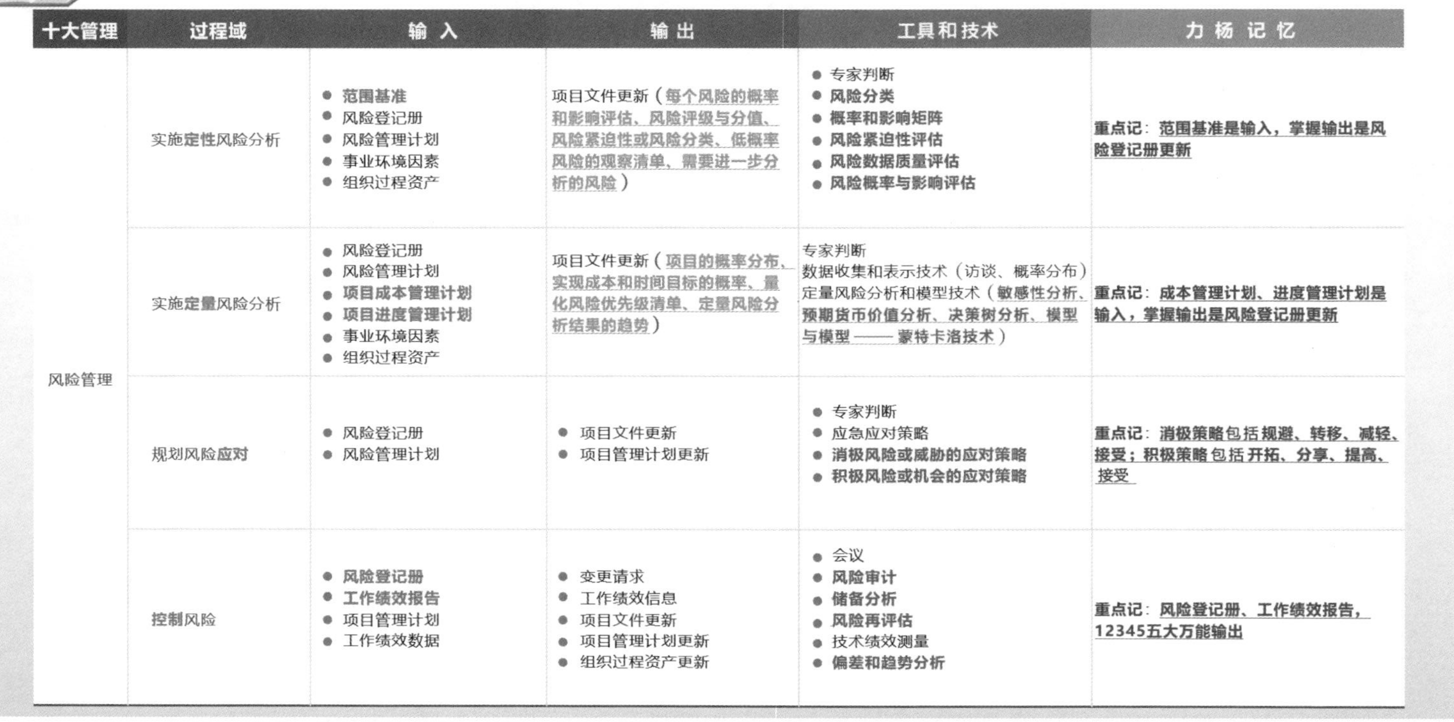

十大管理	过程域	输入	输出	工具和技术	力杨记忆
风险管理	实施定性风险分析	● 范围基准 ● 风险登记册 ● 风险管理计划 ● 事业环境因素 ● 组织过程资产	项目文件更新（每个风险的概率和影响评估、风险评级与分值、风险紧迫性或风险分类、低概率风险的观察清单、需要进一步分析的风险）	● 专家判断 ● 风险分类 ● 概率和影响矩阵 ● 风险紧迫性评估 ● 风险数据质量评估 ● 风险概率与影响评估	**重点记**：范围基准是输入，掌握输出是风险登记册更新
	实施定量风险分析	● 风险登记册 ● 风险管理计划 ● 项目成本管理计划 ● 项目进度管理计划 ● 事业环境因素 ● 组织过程资产	项目文件更新（项目的概率分布、实现成本和时间目标的概率、量化风险优先级清单、定量风险分析结果的趋势）	专家判断 数据收集和表示技术（访谈、概率分布） 定量风险分析和模型技术（敏感性分析、预期货币价值分析、决策树分析、模型与模型——蒙特卡洛技术）	**重点记**：成本管理计划、进度管理计划是输入，掌握输出是风险登记册更新
	规划风险应对	● 风险登记册 ● 风险管理计划	● 项目文件更新 ● 项目管理计划更新	● 专家判断 ● 应急应对策略 ● 消极风险或威胁的应对策略 ● 积极风险或机会的应对策略	**重点记**：消极策略包括规避、转移、减轻、接受；积极策略包括开拓、分享、提高、接受
	控制风险	● 风险登记册 ● 工作绩效报告 ● 项目管理计划 ● 工作绩效数据	● 变更请求 ● 工作绩效信息 ● 项目文件更新 ● 项目管理计划更新 ● 组织过程资产更新	● 会议 ● 风险审计 ● 储备分析 ● 风险再评估 ● 技术绩效测量 ● 偏差和趋势分析	**重点记**：风险登记册、工作绩效报告，12345五大万能输出